대한민국 전력 산업의 싱크탱크,
전력연구원이 이야기하는

글로벌 기업과 한전의 인공지능 이야기

고종민·최승환·장광선·송재주 지음

도서출판 홍릉

전력연구원은 한국전력공사의 기업부설연구소로, 전력산업 기술혁신으로 전력공급의 안정화를 주도합니다.

글로벌 기업과
한전의 인공지능 이야기

초판 1쇄 인쇄 2020년 10월 22일
초판 1쇄 발행 2020년 10월 30일

지은이 고종민 · 최승환 · 장광선 · 송재주
펴낸이 송 준
펴낸곳 도서출판 홍릉
등록 1976년 10월 21일 제5-66호
주소 서울시 강북구 인수봉로 50길 10
전화 02-999-2274~5
홈페이지 http://www.hongpub.co.kr
이메일 hongpub@hongpub.co.kr
ISBN 979-11-5600-802-6(93000)

정 가 15,000원

추천사

오늘날 인공지능은 모르는 사람이 없을 정도로 우리의 실생활 깊숙이 뿌리내리고 있습니다. 인공지능은 인간이 가진 추론능력, 지각능력, 자연언어의 이해능력 등을 컴퓨터 프로그램으로 실현하는 기술이라고 정의할 수 있습니다. 인공지능을 적용하여 우리가 실생활에서 많이 사용하는 휴대전화의 비서 기능, 인공지능 스피커, 챗봇과 같은 서비스도 계속 발전하고 있으며, 금융, 의료, 법률, 공공 서비스 등 다양한 분야에서 효율적인 생산과 서비스 체계를 구축하기 위해 인공지능을 활용하고 있습니다.

인공지능에 대한 전문지식과 기술, 이를 활용한 플랫폼 개발과 활용사례는 인터넷과 서적 등에서 쉽게 찾아볼 수 있습니다. 더불어 인공지능에 대한 전문 지식, 미래 인공지능에 의해 나타날 4차 산업혁명, 우리 사회에 미치는 영향 등에 대한 책도 많이 발간되고 있습니다. 그러나 인공지능을 처음 접하는 독자가 폭 넓은 관점에서 인공지능을 이해하기 쉽게 한 권으로 정리한 책은 찾기가 어려웠습니다. 또한, 기업이 도입하여 활용하는 인공지능 사례를 찾기 위해서는 검색과 요약에 많은 시간을 투자해야만 합니다.

이 책은 인공지능의 역사와 발전, 국내외 기업의 활용 사례를 알기 쉽게 정리하였으며, 한국전력공사의 인공지능 개발 사례를 초보자가 쉽게 읽을 수 있도록 기술하고 있습니다. “글로벌 기업과 한전의 인공지능 이야기”가 독자에게 인공지능에 쉽게 다가가는데 도움이 되길 기대합니다.

한국전력공사 전력연구원 원장

공학박사 김태균

머리말

인공지능과 관련된 연구를 수행하기 위해 알고리즘과 활용사례를 조사해 보았으나, 너무 많은 종류의 알고리즘과 알지도 못하는 전문내용으로 시작부터 혼란이 오기 시작했습니다. 논리적이고 전문적인 내용을 기술한 수많은 전문서적과 인터넷 자료, 블로그 등 초보자들이 쉽게 접근하기는 매우 어려운 내용들이었습니다. 인공지능의 탄생부터 발전과정, 현재 진행되는 일련의 과정을 쉽게 설명할 수는 없을까 라는 의구심을 가지고 하나하나 정리하다 보니 이렇게 책까지 쓰게 되었습니다. 물론 전문적인 수준은 아닙니다. 다만 인공지능이 어떻게 활용되고 있는지, 알고리즘은 어떤 기능을 만들어내는지 등을 검색하기 위한 투자를 줄여 주기 위해 만들었습니다. 또한 한전에서는 어떤 인공지능 기술을 이용하여 업무에 활용하는지, 향후 어떤 방향으로 나아갈지에 대한 소견을 담았습니다.

제1장에서는 인공지능에 대한 이해를 돕기 위해 역사와 개념을 정리했습니다.
제2장에서는 인공지능 활용사례를 정리했으며,
제3장에서는 국내외 기업의 인공지능 이야기와
제4장에서는 한국전력의 인공지능 개발 및 도입사례를 정리했으며, 이를 활용할 수 있도록 알기 쉽게 예제를 정리하였습니다.

모쪼록, 인공지능과 관련된 기술을 이해하고, 활용하는데 참고가 되면 매우 기쁘겠습니다.

감사합니다.

2020년 10월

디지털솔루션연구소 SW플랫폼연구실 저자 일동

차례

CHAPTER 1 ❙ 인공지능이란?

1 인공지능(AI : Artificial Intelligence)이란? ······ 2

2 인공지능의 탄생 ······ 6

1950년대 ······ 7

1956~1973년 ······ 10

1974~1980년 ······ 14

1981~1986년 ······ 15

1987~2000년 ······ 16

2000~2012년 ······ 18

2012년~현재 ······ 22

3 딥러닝의 역사와 모델 ······ 23

CHAPTER 2 ❙ 인공지능 활용 사례

1 분야별 인공지능 활용사례 ······ 40

자동차 분야 ······ 40

음성인식 분야 ······ 43

광고 분야 ······ 47

비즈니스 분야 ······ 49

의료 분야 ······ 51

로봇 분야 ········ 53
챗봇 분야 ········ 54

2 구글 딥마인드와 IBM 딥 블루 ········ 57
구글 딥마인드 ········ 57
IBM 딥 블루 ········ 58

3 인공 지능과 머신러닝, 그리고 딥러닝 ········ 60

CHAPTER 3 ▌ 국내외 기업의 인공지능 이야기

1 사용자에 대한 패턴을 인식하고 추천 하는 인공지능은 어떤 것들이 있을까? ········ 64

2 의료와 건강분야에서는 어떤 인공지능이 사용될까? ········ 68

3 법률분야와 금융분야에서는 어떤 인공지능이 사용될까? ········ 71

4 인간과 같은 자연어를 만들고 이미지를 텍스트화하는 인공지능은 없을까? ········ 73

5 인공지능을 이용하여 이미지를 분석하고, 무엇인지 알려주는 앱은 없을까? ········ 75

6 보안분야에서는 인공지능이 어떻게 활용될까? ········ 76

7 사람의 말을 알아듣고 대답해 주는 인공지능은 무엇일까? · 79

8 유명한 인공지능 스피커는 어떤 것들이 있을까? ········ 83

9 자율주행은 누가 이끌고 있는가? ········· 88
BAIDU ········· 88
WAYMO ········· 90
APTIV ········· 90
QUALCOMM ········· 90
NUTONOMY ········· 91
BOSCH ········· 91
AURORA INNOVATION ········· 92
ARGO AI ········· 92
CRUISE AUTOMATION ········· 92
LYFT ········· 92

10 인공지능 플랫폼은 어떤 것들이 있는지 알아보자 ········· 94

11 클라우드 컴퓨팅(Cloud Computing) 기술은 어떤 것들이 있는지 알아보자 ········· 105
SaaS(Software as a Service) ········· 107
PaaS(Platform as a Service) ········· 107
IaaS(Infrastructure as a Service) ········· 107

12 인공지능 개발 언어는 어떤 것들이 있는지 알아보자 ········· 109
Python(파이썬) ········· 109
LISP(List Processor; 리스프) ········· 111
R Programming ········· 111
Prolog ········· 112
Java ········· 113
C++ ········· 113
Julia ········· 114

CHAPTER 4 ❙ 한국전력의 인공지능 이야기

1 영상처리 분야 ········· 118

완전연결 계층(fully-connect layer) ········· 119

컨볼루션 계층(convolution layer) ········· 120

풀링 계층(pooling layer) ········· 121

컨볼루션 신경망(convolutional neural network) ········· 122

2 시계열 데이터 예측 분야 ········· 153

시계열 데이터 예측 알고리즘 ········· 153

3 자연어처리 분야 ········· 172

단어표현 기법 ········· 174

한전 적용사례 ········· 192

챗봇 만들기 ········· 199

4 수요예측 분야 ········· 223

5 전력SW 공용 플랫폼(HUB-PoP) ········· 232

CHAPTER 1

인공지능이란?

1
인공지능(AI : Artificial Intelligence) 이란?

먼저 인공지능(AI : Artificial Intelligence)의 정의부터 알아보자. 인공지능이란 학습, 문제해결, 패턴인식 등과 같은 인간의 지적능력을 컴퓨터로 구현하여 스스로 상황을 인지하고, 이성적 · 논리적으로 판단하고 행동하며, 감성적 · 창의적인 기능을 수행하는 능력까지 포함하는 장치 및 소프트웨어를 일컫는다. 또한 다른 정의로는 인간의 인식, 판단, 추론, 문제 해결, 그 결과로서의 언어나 행동 지령, 더 나아가서는 학습 기능과 같은 인간의 두뇌 작용을 이해하는 것을 연구 대상으로 하는 학문 분야라고도 한다.*

인공지능[출처 : Shutterstock]

* https://ko.wikipedia.org/wiki/인공지능

보다 쉽게 정의하자면, 인공적으로 만든 지능을 기계에 입력하여 기계가 스스로 생각하고 판단하여 행동을 하도록 하는 것이다. 사고나 학습 등 사람의 지적능력을 컴퓨터로 구현하는 방법에는 강한 인공지능StrongAI과 약한 인공지능WeakAI으로 구분할 수 있다. 강한 AI는 사람과 같이 사고하고 행동하는 인간형 인공지능이고, 약한 AI는 인간의 한계를 넘어 생산성을 높이기 위해 활용하는 인공지능이다. 현재까지 개발된 얼굴인식, 알파고AlphaGO, IBM 왓슨Watson 등 인간의 인위적인 개입없이 기계가 알아서 처리해주는 인공지능은 약한 AI이며, 강한 AI는 현재까지 없지만 가까운 미래에 혁신적으로 다가올 것으로 예상된다.

세계 최고의 머신러닝 분야 전문가인 페드로 도밍고스Pedro Domingos의 저서 '마스터 알고리즘'에서는 인공지능분야에서 파생된 머신러닝의 탄생부터 강한 AI 즉, 어떻게 기계들이 스스로 학습할 수 있게 되는가를 밝히고, 향후 머지않은 미래에 이러한 인공지능이 우리를 어떻게 바꾸어 놓을지에 대하여 상상적이기보단 현실적으로 보여주고 있다. 이점에서 우리는 강한 AI든 약한 AI든 기계학습과 딥러닝의 혁신적인 발전으로 더욱 더 진화할 것이라는 것을 예상할 수 있다.

맥스 태그마크Max Tegmark의 'Life 3.0 by Max Tegmark'에서는 스스로 자기 자신을 업그레이드하면서 능력을 향상하는 하드웨어나 소프트웨어로 발전할 수 있을 것이라 예측하고 있다. 물론 그런 인공지능이 언제 등장할지 확신할 수는 없지만, 언젠가 미래에 도래할 인공지능과 그것이 만들어갈 세상에 대하여 지금부터 대비해야 한다고 역설하고 있다.

사실 따지고 보면 인공지능은 새롭지 않다. 지금도 우리는 이용하고 있고, 거창하게 정의하지 않아도 우리의 일상생활 깊숙이 관여하고 있다. 해외

여행 시 숙박시설을 찾고자 한다면 에어비앤비를 검색할 수도 있다. 또한 모바일로 택시를 부르는 서비스인 우버를 이용할 수 있을 것이다. 어딘가에서 흘러나오는 음악을 검색하는 경우나, 핸드폰으로 주변 경관이나 인물 사진을 찍을 경우 카메라의 초점을 잡아주는 기능 등 모두가 어느 정도의 인공지능 알고리즘을 탑재하여 우리가 활용하고 있는 소소한 것 들이다.

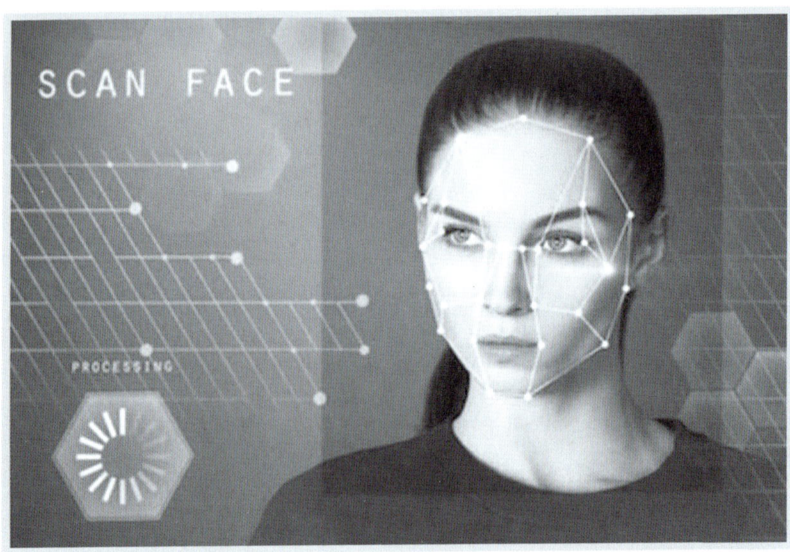

얼굴인식[출처 : Shutterstock]

머지않아 사람없이 스스로 운전하고 주차하는 자율주행 시대가 올 것이다. 구글Google에서는 이미 인공지능을 이용한 자율주행차를 개발하고 있으며, 인공지능을 탑재한 기계(인공인간)가 사람과 동일한 조건에서 퀴즈를 풀고, 체스나 바둑에서 승리하는 것은 이제 새로운 뉴스가 아니다. 영화에서 보는 미래세계가 점점 다가오고 있음을 실감할 수 있다.

자율주행차[출처 : Shutterstock]

2 인공지능의 탄생

인공지능이란 용어가 언제부터 쓰였으며, 어떻게 발전해 왔고, 미래에는 어떤 모습을 보일지에 대해 정리해보자. 앞서 설명하였지만 위키피디아wiki-pedia에서는 인공지능을 이렇게 정의하고 있다.

인공지능은 인간의 지능을 가진 컴퓨터 시스템이며, 인간의 지능을 기계 등에 인공적으로 시연(구현)한 것이다. 일반적으로 범용컴퓨터에 적용한다고 가정한다. 이 용어는 또한 그와 같은 지능을 만들 수 있는 방법론이나 실현 가능성 등을 연구하는 과학분야를 지칭하기도 한다.

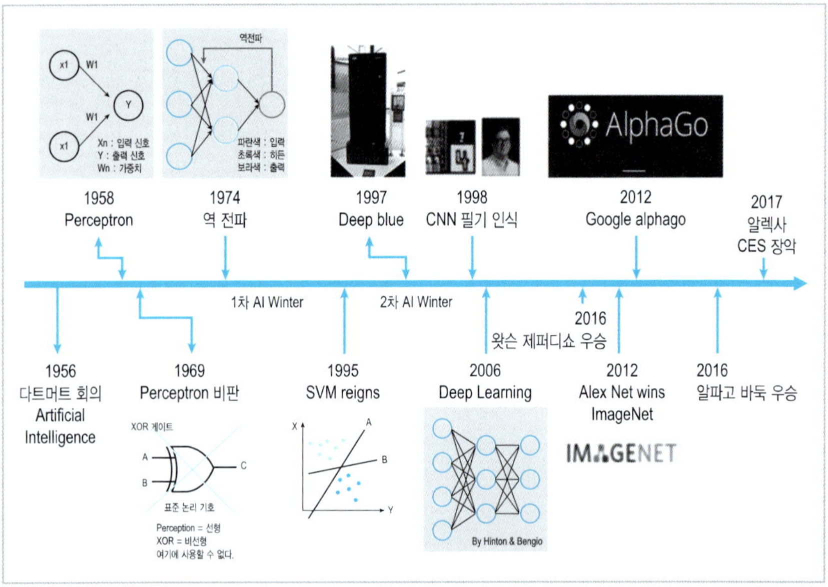

인공지능의 역사

인공지능이란 용어는 1956년 열렸던 다트머스회의Dartmouth Conference에서 처음 언급되었다. 하지만 그보다도 이전에 수학 및 과학 이론과 생리학적 측면에서 인공지능 연구가 이루어졌다 한다.

다음은 인공지능에 대하여 시기별로 개략적인 개념을 살펴보기로 하자.

1950년대

앨런 튜링Alan Mathison Turing은 1936년에 '계산 가능한 수에 관한 연구(On Computable Numbers, with an Application to the Entscheidungs program)'라는 논문을 발표하며 튜링머신Turing machine이라는 알고리즘을 설명하기 위한 가상기계 개념을 발표하였다. 또한 제2차 세계대전에서 절대 해독이 불가능한 암호 애니그마Enigma를 해독하기 위해 봄브Bomb라는 최초의 컴퓨터를 만들어 오늘날의 인공지능에 기반이 되는데 공헌을 했다.*

1950년에는 인공지능 논의에 초점을 맞춘 최초의 논문인 "Computing Machinery and Intelligence"를 발표했다. 이 논문에서는 기계가 "생각"을 할 수 있다고 표현했고, 이 주장의 근거로 튜링 테스트Turing test를 제안했다. 튜링 테스트Turing test는 기계와 인간이 일반적인 대화를 진행했을 때, 사람인지 기계인지 구별할 수 없을 정도로 소통한다면 이는 기계가 "생각"을 한다는 근거를 제시할 수 있다고 정의했다.

* https://cafe.naver.com/baps/70

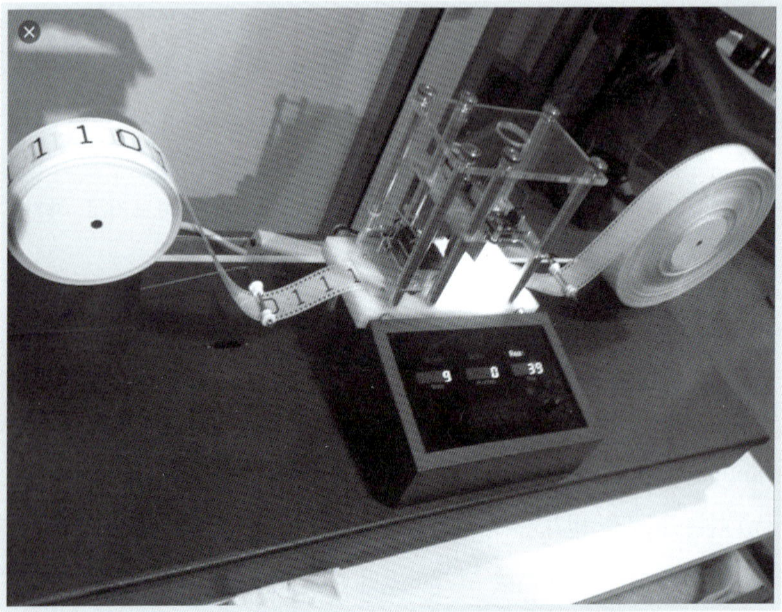

Turing Machine[출처 : Wikimedia]

50년대 전에는 딥러닝의 기반인 인공신경망이 대두되었다. 인공신경망은 컴퓨터에 국한하지 않고 모든 기계장치를 대상으로 인공두뇌학을 지칭하는 사이버네틱스와 함께 인공지능의 핵심 이론 중 하나이다.

인간의 뇌는 약 1000억 개의 뉴런이 서로 연결되어 이루어져 있다고 한다. 뉴런과 뉴런사이에는 시냅스라는 연결부위가 있는데, 신경 말단에서 자극을 받으면 시냅스에서 화학물질이 나와 전위 변화를 일으킨다. 전위가 임계값을 넘으면 다음 뉴런으로 신호를 전달하고, 임계값에 미치는 못하면 아무것도 하지 않는다. 이러한 신경망을 이루는 가장 중요한 요소가 퍼셉트론Perception이라는 가장 작은 신경망 단위이다. 또한 인간의 뇌는 뉴런이 네트워크를 이루고 있는 형태로 만들어져 있고 뉴런끼리 정보를 전달하므로 사물을 인식하고 정보를 처리할 수 있으며, 뉴런과 뉴런이 서로 새로운 연결을 만들기도 하고 필요에 따라 위치를 바꿀 수도 있다. 인간의 뇌처럼 여러 층의 퍼셉트론을 서로 연결시켜서 복잡하게 조합하여 주어진 입력값에 대한 판단을 하게 하고, 입력과 출력 중간에 은닉층을 여러 개 쌓아올려 복잡한 문제를 해결한다는 가정이 사람의 신경망을 닮았다하여 이를 인공신경망이라 부른다.*

이 인공신경망은 1943년 신경 생리학자인 워런 맥컬록Warren McCulloch과 수학자 월터 피츠Walter Pitts가 처음으로 소개했으며, 하나의 사람 뇌 신경세포를 하나의 이진Binary 출력을 가지는 단순게이트로 설명했다. 이를 McCulloch-Pitts 뉴런MCP 뉴런이라 한다. 여기부터 인공지능을 구현하는 한 방법으로써, 실제 생명과학분야에서 발견한 신경망의 구조를 모방하는 인공신경망이라는 하나의 방법론이 나오는 시점이다.

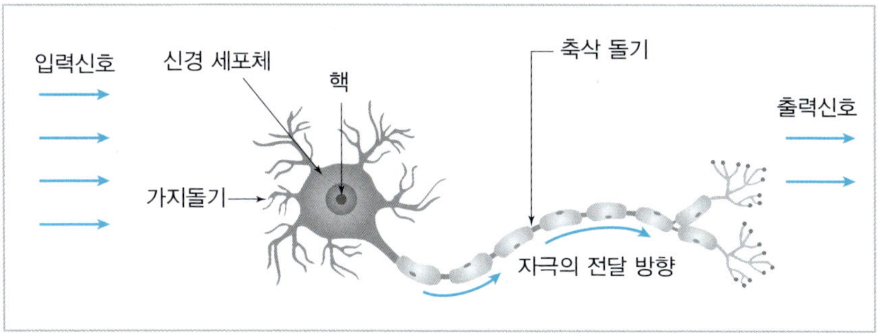

MCP 뉴런[출처 : wikimedia]

1949년에는 실제 뇌과학적인 원리를 통한 인공신경망의 학습규칙인 Hebb의 법칙이 제안되었다. 이 법칙은 시냅스Synapse를 통한 신경 세포의 상호

* http://paiai.tistory.com/38?category=755053

작용이 증가하면 시냅스Synapse가 더 견고하게 강화되며, 상호작용이 감소하면 시냅스Synapse는 약해져 신경회로를 사용하지 않게 된다는 시냅스의 유연한 연결법칙이다. 여기서 시냅스의 유연한 연결을 이용한 학습과의 연관성으로 설명하자면, 신경세포의 연결이 더 견고하면 기억력 향상과 운동능력 습득 같은 학습작용에 도움을 준다는 것이다. 이는 앞서 설명한 MCP 뉴런에 Hebb의 법칙을 적용했을 때 입력값과 출력값에 의해 가중치가 변한다는 의미이다. 이는 나중에 퍼셉트론Perception으로 발전한다.

1956~1973년

인공지능 AIArtificial Intelligent이라는 분야를 처음 확립한 것은 1956년 다트머스 회의Dartmouth Conference이다. 이 회의는 당시 다트머스 대학에 있던 존 매카시John McCarthy를 포함하여 마빈 민스키Marvin Lee Minsky, 네이선 로체스터Nathaniel Rochester, 클로드 섀넌Claude Elwood Shannon 등이 개최하였다. 이 회의에서는 AIArtificial Intelligence라는 용어를 처음 발표했으며, 인공지능 AI에 대한 용어, 정의, 나아갈 방향 등에 대해 고민을 시작하게 되는 계기가 마련되었다. "학습의 모든 면 또는 지능의 모든 특성을 기계로 정밀하게 기술할 수 있고 이를 시뮬레이션할 수 있다"라는 주장을 포함하여, 회의에서 나온 주제를 AI라는 연구로 지칭하게 된다. 즉, 지금 우리가 부르는 인공지능AI의 명칭은 이 회의를 통해 지정되었고, 이는 넓은 의미의 AI 탄생이 시작되는 시기이다.

다트머스 회의Dartmouth Conference 이후로 인공지능 연구는 "추론"과 "탐색"을 중심으로 발전하게 된다. "추론"은 인간의 사고 과정을 기호로 표현해 실행하는 것이며 "탐색"은 경우의 수를 계산, 이 결과값으로 최적의 수를 파악하는 것이다. 이러한 추론과 탐색을 기반으로 일반인도 기계가 판단한 지식 탐구의 결과를 참고할 수 있도록 하는 전문가시스템expert system이 이 시기에 등장했다.

전문가시스템은 전문가가 실행하는 조건 및 판단을 프로그램화해 문제를 처리하는 시스템이며, 이 시기의 유명한 시스템으로는 Dendral*이 있다. 또한 전문가시스템은 상용 시스템에 통합되어 1970년대에는 의료 현장에서 사용하는 MYCIN** 같은 전문가시스템이 운영되기도 하였다. 전문가시스템은 문제영역의 전문지식을 이용하여 추론할 것, 전문가로부터 획득한 지식일 것, 전문적으로 고도의 현실적 문제를 대상으로 할 것, 능력이 전문가와 동일할 것이라는 전제를 달고 있지만 이러한 조건을 전부 만족하는 시스템은 거의 존재하지 않고 있다. 하지만 인공지능분야가 더욱 진보하게 된다면 전문가시스템과 결합하여 모든 조건을 만족하는 시스템이 탄생할 거라 생각된다.

이 시기의 인공지능은 인간의 모든 것을 해결해 줄 수 있는 이론으로 많은 사람의 관심을 받게 되었으며, 이 시기를 인공지능이 학문이 아닌 상용 시스템에 도입되는 등 1차 인공지능 붐이라고 불리었다.***

* Dendral은 1965년 스탠퍼드 대학교의 에드워드 파이겐바움 등이 개발하기 시작한 인공지능 프로젝트임. 아직 알려지지 않은 유기화합물에 질량 분석법을 적용해 화합물의 구조를 파악해서 분석하는 시스템으로 원래 화학자가 할 일을 자동화한 세계 최초의 전문가 시스템으로 알려져 있음.

** MYCIN : 대표적인 의학진단 Expert System, 스탠퍼드 대학의 쇼틀리페(Shortliffe, R H)가 중심이 되어 개발한 혈액 감염증, 수막염의 진단 및 항생물질의 투여를 돕는 시스템임.

*** https://brunch.co.kr/@sonnykim/7

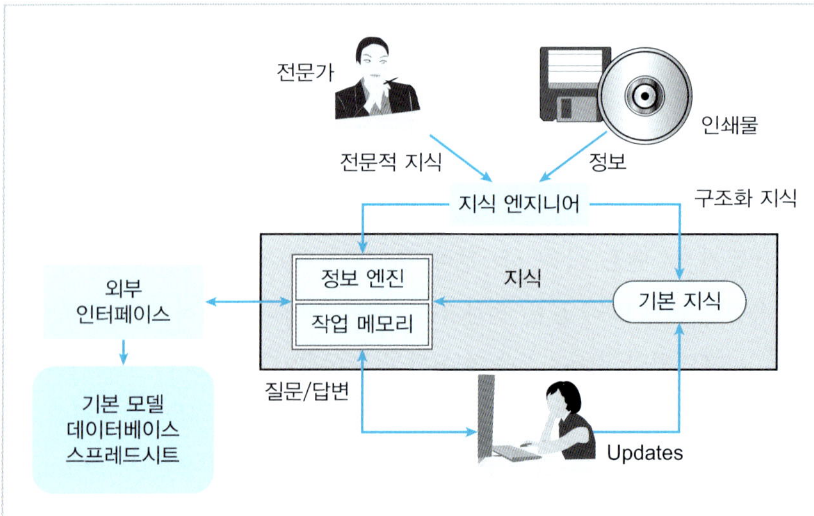

전문가시스템의 구조

1957년에는 신경망 연구에 있어서 프랑크 로젠브라트Frank Rosenblatt가 앞서 설명한 맥컬록-피크 모델MCP, McCulloch-Pitts을 기반으로 하는 '학습 규칙'이라는 퍼셉트론Perception을 고안해 냈다. 이는 하나의 MCP 뉴런이 출력신호

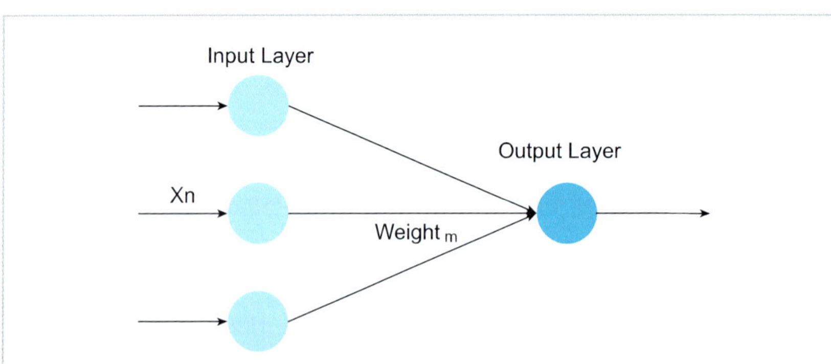

단층 퍼셉트론

를 발생할지 안할지 결정하기 위해 MCP 뉴런으로 들어오는 각 입력값에 곱해지는 가중치값을 자동적으로 학습하는 알고리즘이다. 퍼셉트론으로 앞으로 걷고, 말하고, 자아를 인식하는 단계에 이르는 컴퓨터가 개발될 것이라는 희망이 부풀던 시기였다.

MIT AI 랩의 창시자인 마빈 민스키Marvin Minsky 교수는 입력층과 출력층이 끝인 단순 퍼셉트론으로는 목표가 불확실한 과제는 해석할 수 없는 한계를 극복하는 다층 퍼셉트론MLP, Multi Layer Perceptron을 이용한 패턴인식 알고리즘을 고안해냈다. 그러나 일부 전문가들은 MLP에서 은닉층의 가중치를 계산하는 즉, MLP를 학습시키는 방법은 존재하지 않거나 있어도 무시해버리는 등 인공신경망과 관련된 학문과 기술이 주춤하던 시기였다. 이후 XOR 문제를 해결하고 MLP를 학습시킬 수 있는 획기적인 방법인 오류역전파Backpropagation of errors가 1980년대에 등장하게 된다.

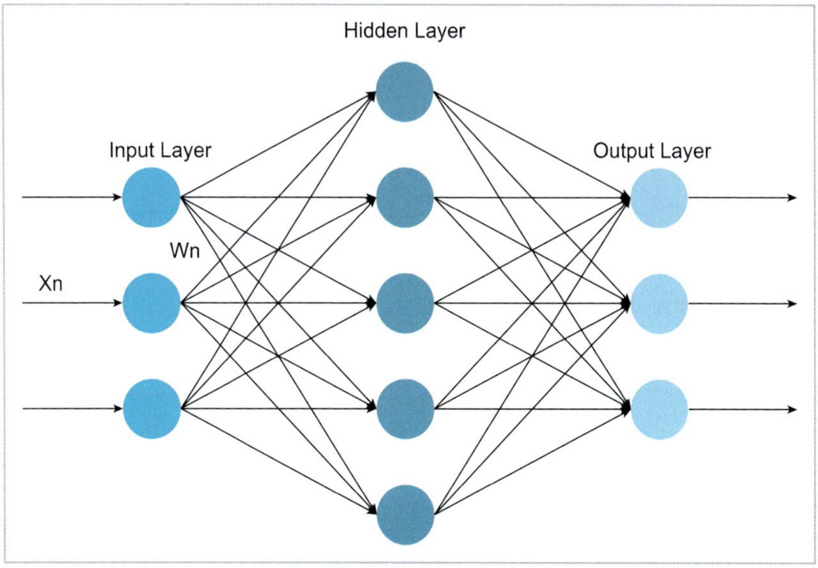

다층 퍼셉트론

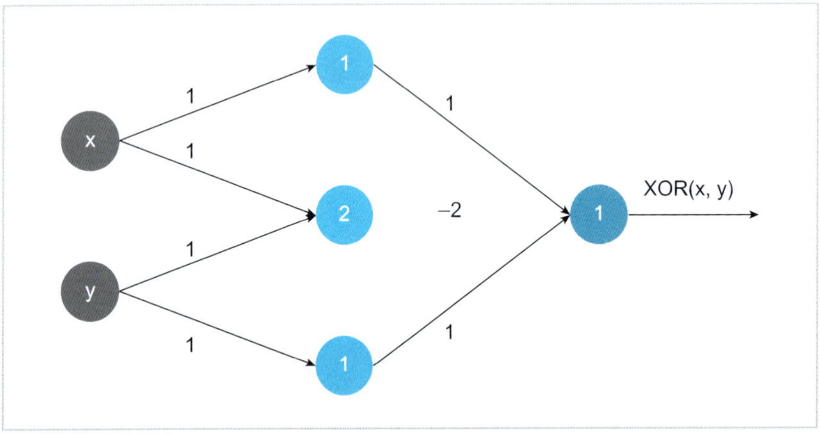

XOR 문제 해결

1차 AI 붐 시대의 연구가들은 다음과 같이 미래를 예측했다고 한다. 분명 맞는 것도 있고 틀리는 것도 있지만, 현재까지 진행되고 있는 인공지능의 역사를 살펴보면 비슷한 점이 많이 있어 놀라울 따름이다.

> 1958년 사이먼H.A. Simon과 뉴얼Allen NeWell은 '10년 안에 디지털 컴퓨터가 체스 세계 챔피언을 이길 것이다'라고 했으며, 1965년에는 '20년 이내에 기계가 사람이 할 수 있는 모든 일을 할 것이다'라고 예상했다. 1967년 마빈 민스키Marvin Lee Minsky는 '이번 세기에 AI를 만드는 문제는 거의 해결될 것이며, 1970년 3~8년 안에 우리는 평균 정도의 인간지능을 가지는 기계를 가지게 될 것이다'라고 예상했다.

1974~1980년

이 시기는 AI Winter라고 불리는 시기이다. 이 이유는 1차 인공지능 붐 시기에 기대와 투자가 집중되었다가 인공지능에 대한 실망감으로 투자금이 회수되던 시기였다. 기대치와 다르게 복잡한 문제를 해결하는 데 실패했으며, 폭발적인 데이터의 증가와 이를 해결할 수 있는 컴퓨터 능력의 한계로 인한 더딘 기술 발전이 원인이었다. 그러나 부정적인 시각과 투자금 회수에도 불구하고 인공지능 연구가들은 논리 프로그래밍이나 추론과 같은 여러 영역에서 많은 결과물을 도출했다.*

1981~1986년

이 시기는 반도체 개발 비용이 낮아지면서 CPU, RAM, 캐시 메모리 용량이 늘어난 대규모 집적 회로를 만들 수 있게 되어 컴퓨터 연산 속도가 매우 향상됐다. 그 결과 AI Winter(1974~1980)의 문제점들이 어느 정도 해결되어 인공지능뿐만 아니라 산업계 전문가시스템이 본격적으로 확산되기 시작했다.

산업계의 전문가시스템은 크게 3가지로 나뉘는데 지식과 경험의 데이터베이스화, 의사결정 추론엔진, 사용자 인터페이스로 구성된다. 산업계 전문가시스템으로 영국의 런던임페리얼대학 에브라힘 맘다니Ebrahim Mamdani 교수가 증기기관 제어 적용에 성공했으며, 미국에서는 상위 500대 기업 절반 이상이 전문가시스템을 사용했기에 지속적인 투자를 받았던 시기이다.

이 시기를 2차 AI 붐이라 불리는 시기이며, CPU 역사에서 자주 언급하는 무어의 법칙**도 이때 만들어졌다.

* https://brunch.co.kr/@monglec/15

** 무어의 법칙 : 18개월 주기로 컴퓨터의 성능은 2배로 향상되고 가격에는 변함이 없다는 법칙. 인텔이 창립자 고든 무어(Gorden Moor)가 자신의 경험을 통해 발견한 법칙으로 2년 정도마다 새로운 세대의 마이크로칩이 개발되지만, 그 가격에는 변화가 없다는 이론

산업계 전문가시스템으로 인하여 2차 AI 붐으로 계속 발전할 일만 남았다고 생각했지만, 또 다른 벽에 막히게 되었다. 전문가시스템에 탑재되는 전문가 지식은 여전히 인간의 많은 노동력으로 축적을 해야만 했고 방대한 양의 데이터를 관리하거나, 입력하거나, 이를 해석하는 고기능의 컴퓨터 부재로 인해 투자대비 효율성이 떨어진다는 한계 때문에 이후 다시금 암흑기(1987~2000년)에 접어들게 된다.

1987~2000년

1997년 인공지능에 있어 큰 사건이 하나 발생한다. 이는 IBM이 만든 딥 블루Deep Blue라는 컴퓨터가 당시 체스 세계 챔피언이었던 가리 카스파로프Kasparov를 6번의 대국 끝에 이긴 사건이다. 이는 기계가 사람을 이겼다는 것으로 많은 사람에게 충격을 주었지만, 체스 외에 다른 인공지능 분야에서는 딥 블루 만큼의 결과물을 보여주지 못했다.

또한 방대한 양의 데이터 관리, 입력, 해석 등에 막혀 인공지능 발전은 주춤했지만 이 시기에는 존재하는 사물과 사물간의 관계 및 여러 개념을 컴퓨터가 처리할 수 있는 형태로 표현하는 온톨로지Ontology, 많은 데이터 가운데 숨겨져 있는 유용한 상관관계를 발견하여 미래에 실행 가능한 정보를 추출해내고 의사결정에 이용하는 과정인 데이터 마이닝data mining, 음성인식 등의 기술들이 개발되고 활성화되기 시작하면서 인공지능의 기초를 다지는 시기라 할 수 있다.

이 시기의 인공신경망을 살펴보면, 다층 퍼셉트론 MLP를 학습시킬 수 있는 획기적인 방법인 오류역전파Backpropagation of errors 알고리즘이 고안되었다. 이는 MLP의 입력층, 은닉층, 출력층에서 은닉층이 1개 이상을 가지고 있는 모델인 ANN Artifical Neural Network 을 활용하여 동일 입력층에 대해 원하는 값이 출력될 수 있도록 개개의 가중치를 조정하는 방법으로 사용되는 모델이다.

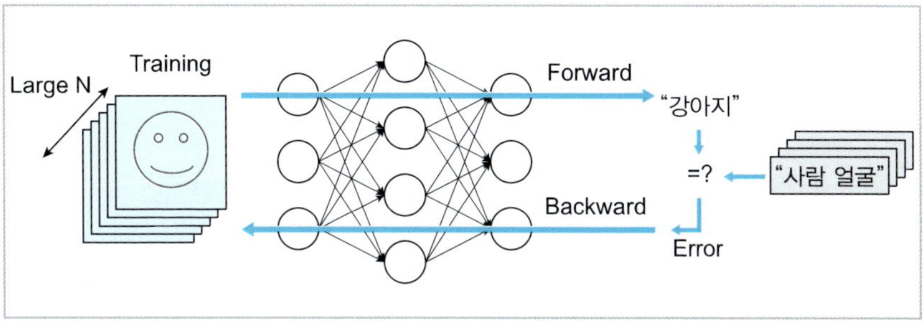

오류역전파

1998년에는 고양이의 뇌파 실험 즉, 고양이의 눈으로 보는 사물의 형태에 따라 뇌의 특정영역, 정확히 말하자면 특정 뉴런만이 활성화된다는 영감을 얻어 이미지 인식을 획기적으로 개선할 수 있는 나선형 신경망 CNN Convolution Neural Network 이라는 새로운 형태의 인공신경망을 고안하게 되었다. 이후에 심층신경망 DNN Deep Neural Network 으로 발전한다.

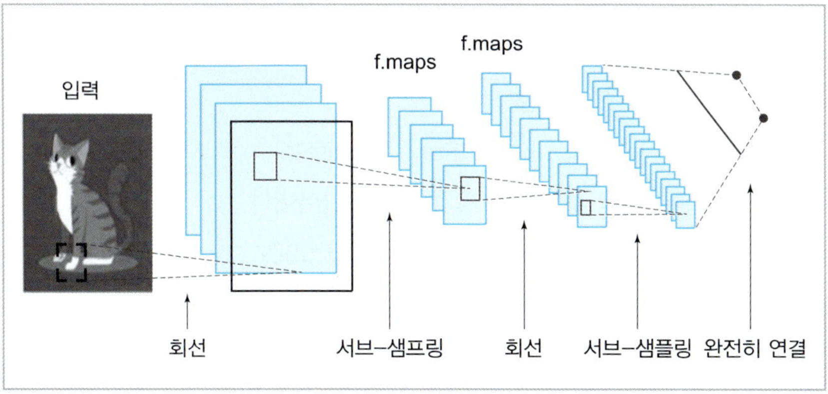

CNN

그러나 다층구조로 되어 있는 MLP의 학습은 역전파를 통해 학습이 가능하지만, 학습의 효과를 크게 하려면 인공신경망의 은닉층hidden layer를 더 많이 있어야 더 좋은 학습 결과를 가져온다고 경험적으로 검증하였다. 그러나 이 시기의 컴퓨터 성능이 신경망의 해를 구하는 데 며칠씩 소비하거나 그 결과의 값이 신뢰성이 매우 부족하기에 신경망을 적용할 수 있는 범위가 한정될 수밖에 없었다.

이 시기를 2차 AI Winter이라 불리는 데 그 이유는 전문가시스템과 인공지능의 알고리즘은 비약적으로 발전했지만, 복잡한 패턴을 처리하거나 방대한 데이터를 관리하는 등 그 시기의 컴퓨터 성능이 계속 발전하는 시스템과 인공지능 알고리즘을 따라가지 못했기 때문이라 한다.

2000~2012년

2000년대 초반만 하더라도 다양한 언론에 소개된 자료를 종합해 보면 인공지능에 대한 평가는 좋지 않았다. 몇 가지 예를 들면 다음과 같다.

- 2005년, 뉴욕 타임즈(John Markoff) : 컴퓨터 과학자들과 소프트웨어 엔지니어들로 이루어진 인공지능팀들이 있지만, 그들은 스스로 인공지능이란 용어를 사용하지 않았다.
- 2006년, 비즈니스 타임즈(Paty Tascarella) : 로보틱스(robotics)라는 단어 역시 투자자가 망설여지는 단어이다.
- 2007년, 이코노미스트(The Economist, Alex Castro) : “인공지능”, “음성인식”과 같은 시스템은 신뢰하기 어려워 투자하기 어렵다.

이렇듯 2000년 초반엔 2차 AI Winter의 분위기를 이어가는 줄 알았다. 하지만, 2000년대 후반에 빅데이터Big Data의 등장으로 분위기는 반전되었다. 빅데이터는 인터넷이 발달하고 스마트폰, 소셜 네트워크가 대중화되면서 엄청난 데이터가 쌓였고 이와 같은 대용량 데이터를 처리할 수 있는 분산 컴퓨팅 기술이 개발되어 빅데이터와 인공지능 분야가 본격적으로 성장하는 계기가 되었다.

하지만 빅데이터 외에 비즈니스 분야에서의 인공지능의 평가는 냉정하고 혹독했다. 하지만 2012년 이미지넷ImageNet 대회에서 딥러닝이 등장하는 사건이 발생한다. 캐나다 토론토대 제프리 힌트Geoffrey Everest Hiutom 교수팀이 개발한 알렉스넷AlexNet은 그래픽 처리장치인 GPU기반의 **딥러닝**Deep Learning을 적용해 1000개가 넘는 카테고리로 분류된 100만개의 이미지에서 2011년의 75% 인식률을 10%를 향상시킨 85%의 인식률로 우승을 차지하게 된다.[*]

이렇게 혜성처럼 등장한 GPU기반 딥러닝은 기존의 기계학습법Machine Learning을 더욱 발전시켰으며, 인간의 뇌 구조를 참고한 인공신경망 모델인 나선형신경망 CNNConvolution Neural Network을 이용해 심층 신경망 DNNDeep Neural Network을 구현했다. 심층 신경망 DNN은 입력층input layer과 출력층output layer 사이에 다중의 은닉층hidden layer을 포함하는 인공신경망 ANNArtificial Neural Network)이며, 이를 학습시키는 방법이 딥러닝 DLDeep Learning이라 한다.

그러나 히든레이어가 하나인 신경망만 학습이 가능했고, 그 이상으로 레이어를 늘리면 학습이 잘 동작하지 않거나 특정 데이터에만 동작하는 문제 등이 발생하기도 하였다. 2000년대 이후 드롭아웃drop-out(학습 중에 무작위

* https://blogs.nvidia.co.kr/2016/03/21/all_of_deeplearning

로 선택된 뉴런 제외), 활성화 함수(Rectified Linear Unit, sigmoid, Hyperbolic Tangent), 배치 정규화batch normalization 등의 기법이 적용되면서 더욱 발전하게 되었다.

또한, 이 시기에는 분산처리 기술이 급속도로 발전하기 시작하였다.

앞에서 신경망 연구가 암흑기(1981~1986년)를 맞이한 이유는 사고 범위 문제를 해결하는 데 있어서 컴퓨팅 연산 성능의 한계가 주요한 이유였다. 하지만 1990년 후반 고속 인터넷망 보급과 대용량 이미지나 동영상 등이 만들어지기 시작했고, 이를 전송하고 처리하기 위하여 컴퓨팅 연산 성능도 더욱 향상되었다. 즉 고속 인터넷망 보급, 컴퓨팅 연산 성능향상으로 문제점이었던 컴퓨팅 연산 성능의 한계가 극복된 것이다. 그 결과 이미지나 음성데이터를 처리하는 데이터 분산처리 기술이 발전하기 시작했다.

하드웨어관점에서는 공유메모리를 활용할 수 있도록 하는 API인 OpenMP나 그래픽 카드의 GPU에서 수행하는 병렬처리 알고리즘인 CUDACompute Unified Device Architecture 등의 등장이 주목을 받았다. 이러한 기술은 한 대의 컴퓨터를 가지고 다른 컴퓨터와 연결하여 최대의 효과를 낼 수 있는 환경을 가능하게 하였다.

또한, 소프트웨어 관점에서는 명령 실행의 분산처리를 관리하는 구조가 발전했다. 즉, 미리 설정한 컴퓨터 자원을 사용하고, 네트워크로 작업을 관리하며, 자유자재로 자원을 늘리거나 줄일 수 있게 되었다.*

* https://www.kdata.or.kr/info/info_04_view.html?field=&keyword=&type=techreport&page=14&dbnum=184943&mode=detail&type=techreport

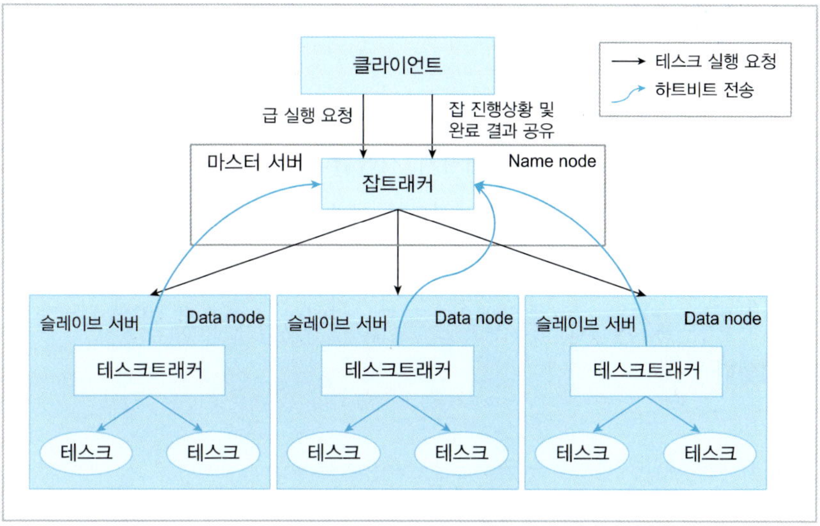

대표적인 맵리듀스, 하둡

대표적인 예로는 구글 파일 시스템에서 촉발된 맵리듀스 아키텍처와 야후가 중심이 되어 개발한 하둡 등이 있다.

또한 하드웨어 성능향상으로 인한 분산처리 기술과 신경망 연구의 결합으로 딥러닝 시대가 활발해지기 시작했다.

최신 딥러닝 연구에서는 심층 신경망이 주도를 해오고 있다. 심층 신경망이란 보통 계층이 5개 이상으로 구성된 신경망을 말하는 것으로, 2000년대 이전에는 컴퓨터 연산 성능의 한계로 심층 신경망 구성 자체가 어려웠지만 2010년 이후 계층이 100개 이상인 신경망을 구축할 수 있게 되었다.

2012년~현재

2012년에 혜성처럼 등장한 알렉스넷(AlexNet, GPU 기반 딥러닝)은 시간이 계속 지남에 따라 더 정교해지기 시작했다. 즉 앞서 설명한 분산처리 기술과 신경망 기술이 결합해 인식도가 계속해서 발전하고 있으며, CNN 신경망구조가 지속적으로 개선되고, 딥러닝에 있어 트레이닝에 필요한 시간이 월등히 앞서는 GPU의 발전으로 5% 이내의 오류율로 학습이 가능하게 되었다.

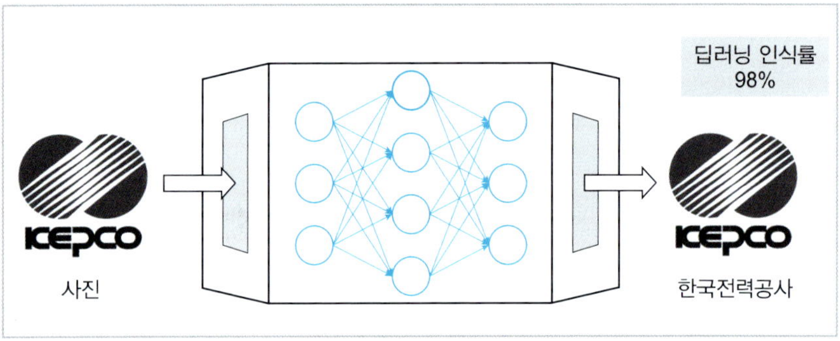

딥러닝의 구조

또한, 2016년도 인공지능을 많은 대중에게 알린 구글의 알파고와 이세돌의 대국을 볼 수 있다. 앞서 1997년 IBM이 만든 딥 블루가 당시 체스 세계 챔피언이었던 가리카스파로프를 6번의 대국 끝에 이긴 사건이 있었지만, 바둑은 경우의 수의 차이가 매우 커 사람들은 이세돌의 승리를 예상했다. 그러나 결과는 4승 1패로 알파고의 승리였다. 이 사건은 향상되는 GPU와 발전하는 인공신경망, 알고리즘의 결과로 볼 수 있다. 이러한 결과를 통해 "인공지능 3차 붐"시기라 불린다.

3

딥러닝의 역사와 모델

위에서 언급한 인공지능의 탄생과는 별도로 이 장에서는 딥러닝의 역사와 기본 이론에 대해 설명하고자 한다.

인공지능Artificial Intelligence, 딥러닝Deep Learning, 머신러닝Machine Learning이라는 말이 혼용해서 쓰인다. 그러나 따지고 보면 전혀 다른 관계를 가지고 있다. 인공지능이 가장 넓은 개념이며, 인공지능을 구현하기 위한 중요한 방법 중 하나가 머신러닝이다. 머신러닝을 구현하기 위한 하나의 방법론이 딥러닝이다. 딥러닝은 인공신경망Artificial Neural Network이라고 생각하면 된다. 머신러닝과 딥러닝은 포괄적으로 보아 어떤 사물의 판별할 경우 해당 이미지를 뇌에서 분석하고 특징을 확정한 후 지식과 경험에 따라 판단하는 것을 컴퓨터로 처리하는 것으로 목적은 같다. 하지만, 둘 사이에는 접근 과정에 차이가 있다.

먼저 머신러닝의 경우, 주어진 문제를 해결하기 위해 사람이 학습하듯 컴퓨터에 데이터를 제공하여 학습하게 함으로써 새로운 지식을 습득하게 하는 방법을 말한다. 즉, 우리가 가지고 있는 데이터를 컴퓨터가 학습해 이를 기반으로 데이터를 평가, 예상하는 것이다.

하지만, 딥러닝은 데이터의 특징을 사람이 추출하지 않고 인공신경망을 이용한다는 점이 딥러닝과 머신러닝의 가장 큰 차이점이다. 여기서 인공신경망의 발전은 마치 처음에 거론했던 튜링테스트Turing test와 같이 사람처럼

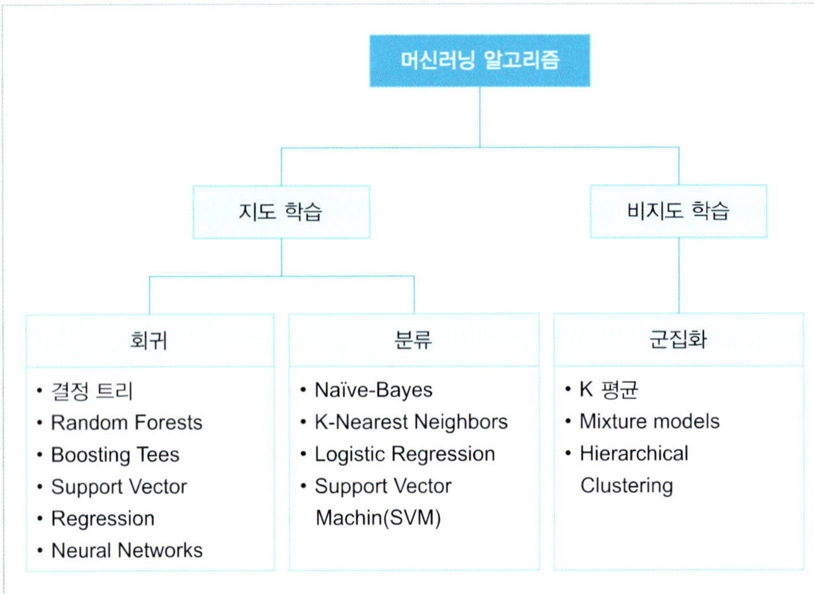

머신러닝 알고리즘

생각하고 학습하는 단계까지 발전한 기술이며, 이 인공신경망으로 기존 머신러닝의 한계점을 극복했다고 볼 수 있다.

그런데 인공신경망이란 용어를 놔두고 왜 딥러닝일까? 의구심이 든다. 그 이유가 있다 한다.*

인공신경망은 두뇌의 신경세포, 즉 뉴런이 연결된 형태를 모방한 모델이다. 최초의 인공 신경망 모델은 1943년 워렌 맥컬로치Warren McCulloch와 월터 피츠Walter Pitts에 의해 제안되었으며, 1958년 프랑크 로젠블라트Frank Rosenblatt는 지도 학습supervised learning이 가능한 퍼셉트론perceptron 모델을

* http://brunch.co.kr, "인간" VS "기계"(김대식, 동아시아), 2016 카오스[브레인] 10강 뇌의 미래와 인공 자아의 탄생

개발하였다. 당시 컴퓨터의 낮은 성능과 단층 퍼셉트론single-layer perceptron의 한계 등으로 인해 쇠퇴했던 인공신경망에 대한 연구는 1970년대 군집 분석을 위한 자기 조직화 지도 등의 모델이 연구되며 그 명맥을 이어왔고, 1986년 다층 퍼셉트론multi-layer perceptron의 지도 학습을 위한 역전파 알고리즘backpropagation algorithm이 재발견되며, 다시 활성화되었다. 다층 퍼셉트론은 복잡한 문제를 해결하기 위해서는 신경망의 층수를 쌓은 모델을 활용해야 하는데, 층수가 쌓이면 쌓일수록 학습과정에서 데이터가 사라지거나, 새로운 학습이 안되는 상황이 발생하였다. 이러한 이유로 인공신경망에 대한 인식이 부정적이었다. 위에서 언급한 2차 AI Winter 시기이다.

이러한 부정적인 인식을 깨고 딥러닝이 시작하는 사건이 발생하였다. 2000년에 캐나다 토론토 대학의 인지심리학자이자 컴퓨터과학자인 제프리 힌튼Geoffrey Hinton 교수는 오류역전파법을 더욱 더 발전시켰다. 또한 깊은 층수의 신경망 학습시 사전학습Pretraining을 통해서 학습함으로써 Vanishing Gradient 즉, Layer를 거치면서 값이 작아져 원래의 영향력을 가진 값으로 복원하기 어려운 문제를 해결할 수 있었고, 또한 새로운 데이터를 잘 처리하지 못하는 문제를 학습도중 고의로 데이터를 누락시키는 방법인 드롭아웃Dropout을 사용하여 해결하는 방법을 고안해 내었다. 이런 방법을 사용하여 기존이 인공신경망의 한계를 뛰어넘는 인공신경망을 딥러닝이라는 새로운 이름으로 부르기 시작하였다. 이는 기존의 인공신경망에 대한 부정적인 시각을 벗어나기 위해서였다.

딥러닝이 지속적으로 발전한 데는 위에서 설명한 한계를 극복한 것과 별도로 세 가지 기술적 진보가 있었기 때문이다. 먼저 기존의 인공신경망에 대한 한계를 극복할 수 있는 새로운 알고리즘이 출현하였으며, 학습에 필요한 대량이 데이터가 생성되어 이용할 수 있다는 점, 그리고 계산을 위한 컴퓨터 하드웨어 발전이 있었다는 점이다. 2010년에는 컴퓨터 하드웨어 및 학습 알고리즘의 발달로 수십 개의 은닉층hidden layer이 있는 심층 신경망Deep Neural Network; DNN이 널리 사용되게 되었다. 딥러닝은 심층신경망에 바탕을 두고 있으며, 바둑을 비롯해 이미지 및 자연어 처리, 음성 인식 등의 분야에서 기존의 기계 학습 방법의 성능을 뛰어 넘는 결과를 보이기 시작했다.

다음은 딥러닝에 대한 각각의 모델을 개략적으로 설명드리고자 한다.

DFN(Deep Feedforward Network)

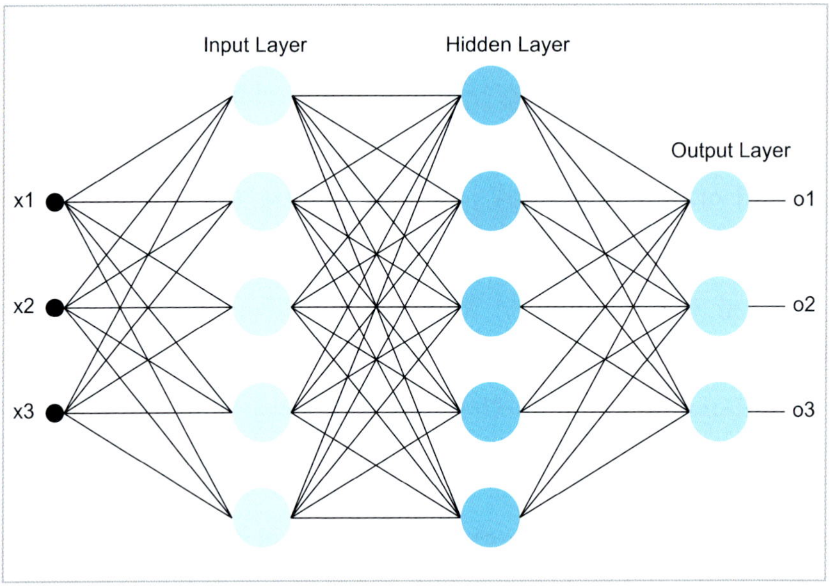

DFN의 구조

DFN은 딥러닝에서 가장 기본적으로 이용되는 인공신경망이다. 그림에서 볼 수 있듯이 입력층, 은닉층, 출력층으로 이루어져 있으며, 보통은 2개 이상의 은닉층을 이용한다. DFN에서 입력데이터는 입력층, 은닉층, 출력층의 순서로 전파되며 입력된 데이터가 단순히 입력층, 은닉층, 출력층을 거치면서 예측값으로 변환된 뒤에 과거 데이터에 대한 정보는 완전히 사라진다. 따라서 입력되었던 데이터들의 정보가 저장되지 않기 때문에 입력 순서에 따라 데이터 간의 종속성이 존재하는 시계열 데이터 처리에 한계점이 존재한다. 이러한 문제점을 해결하기 위해 제안된 것이 다음에 소개할 RNN이다.

RNN(Recurrent Neural Network)*

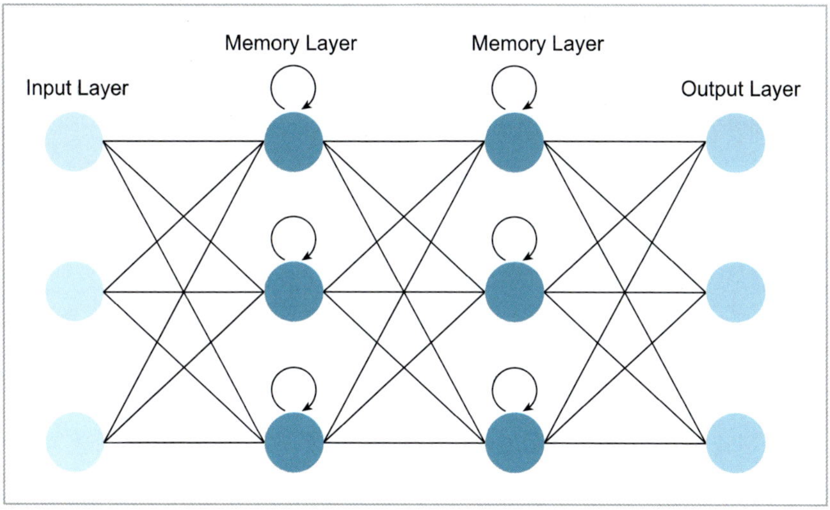

RNN의 구조

* Elman, Jeffrey L. "Finding structure in time." Cognitive science 14.2 (1990)

RNN은 시계열 데이터 즉, 문자열 및 센서 데이터 등과 같이 시간적으로 연속성이 있는 데이터를 처리하기 위해 고안된 인공신경망이다. 시계열 데이터나 문자열은 일반적으로 앞에 입력된 데이터에 의해 뒤에 입력된 데이터에 대한 예측에 영향을 받는다. 따라서, 단순히 현재 입력된 데이터를 입력층, 은닉층, 출력층의 순서로 전파하기만 하는 DFN으로는 시계열 데이터에 대한 정확한 예측이 어려우므로 고안된 알고리즘이다.

RNN은 그림과 같이 은닉층의 각 뉴런에 순환recurrent 연결을 추가하여 이전 시간에 입력된 데이터에 대한 은닉층의 출력을 현재 시간의 데이터를 예측할 때 다시 은닉층 뉴런에 입력한다. 이러한 방식으로 RNN은 이전 시간에 입력된 데이터를 같이 고려하여 현재 시간에 입력된 데이터에 대한 예측을 수행한다. 그러나 그림과 같이 단순한 형태의 RNN은 역전파back-propagation 알고리즘을 기반으로 오랜 시간에 걸쳐 데이터를 학습할 때 나타나는 변화도gradient가 비정상적으로 감소하거나 증가하는 vanishing / exploding gradient problem이 발생한다는 문제점이 있다. 이를 해결하기 위해 제안된 것이 다음에 설명할 LSTMLong Short-Term Memory이다.

LSTM(Long Short-Term Memory)*

LSTM은 RNN에서 발생하는 vanishing/exploding gradient problem을 해결하기 위해 제안되었으며, 현재까지 제안된 RNN 기반의 응용들은 대부분이 LSTM을 이용하여 구현되었다. LSTM은 변화도gradient 관련 문제를 해결하기 위해 forget gate, input gate, output gate라는 새로운 요소를 은닉

* Hochreiter, Sepp, Jürgen Schmidhuber. "Long short-term memory." Neural computation 9.8 (1997)

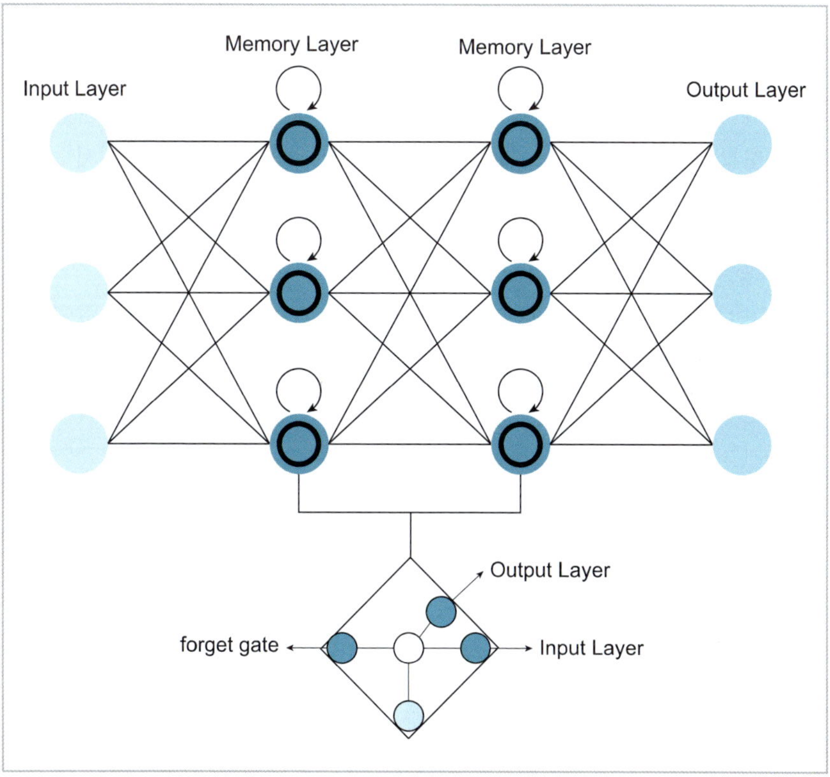

LSTN의 구조

층의 각 뉴런에 추가했다. 학습이 오래 지속될 경우 초기 학습한 내용이 잃어버진다는 단점을 보완하기 위해, 기본적인 RNN의 구조에 memory cell이 은닉층 뉴런에 추가된 것을 볼 수 있으며, memory cell은 추가된 3개의 gate를 의미한다. LSTM에서 각 gate의 역할은 forget gate는 이전 상태의 정보를 저장할지를 결정하고, input gate는 입력되는 새로운 정보를 저장할지 결정하고, output gate는 갱신된 CELL의 출력값을 결정한다.

Autoencoder*

데이터와 그에 대한 예측값 모두를 이용하여 입력 데이터에 대한 예측을 수행하도록 하는 것을 지도 학습supervised learning이라고 한다. 앞에서 소개한 DFN, RNN, LSTM을 비롯하여 대부분의 인공신경망은 지도학습 방식을 이용한다. 그러나 autoencoder는 이와 다르게 비지도 학습unsupervised learning을 기반으로 학습된다. 따라서, autoencoder의 학습에서는 예측값이 필요하지 않다.

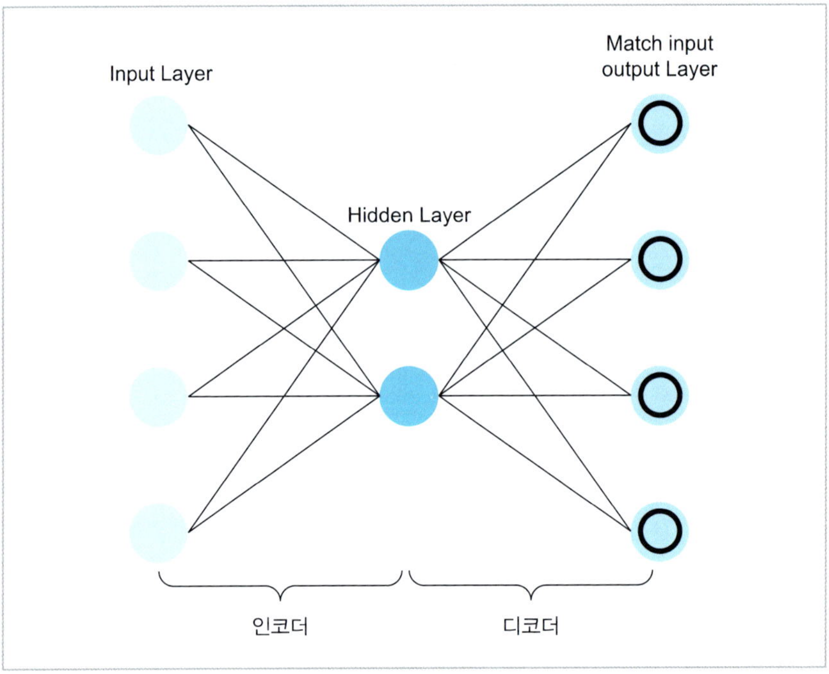

Autoencoder의 구조

* Bourlard, Hervé, and Yves Kamp. "Auto-association by multilayer perceptrons and singular value decomposition." Biological cybernetics 59.4-5 (1988)

Autoencoder는 입력층, 은닉층, 출력층을 거쳐 입력 데이터가 그대로 다시 출력되도록 동작한다. 왜 입력을 그대로 다시 출력하는 인공신경망을 이용하는지에 대해 의문을 가질 수 있다. 그러나 autoencoder는 출력층의 출력이 아니라, 은닉층의 출력을 이용하는 것에 목적이 있다. autoencoder에서 은닉층의 출력은 다음과 같은 의미와 활용을 갖는다.

- Data compression: 일반적으로 autoencoder에서는 은닉층 뉴런의 수를 입력층이나 출력층 뉴런의 수보다 작게 설정하기 때문에 은닉층의 출력은 입력 데이터에 대한 압축 데이터로 볼 수 있다.
- Latent representation: 은닉층은 그 자체로 입력 데이터를 잘 표현하기 위한 새로운 공간을 형성하기 때문에 은닉층의 출력은 입력 데이터에 대한 latent representation으로 활용될 수 있다. 즉 입력 값에 대한 정보를 최대한 압축하듯 잘 표현된 값을 의미한다.

딥러닝에서는 autoencoder를 주로 입력 데이터에 대한 latent representation을 생성하기 위해 이용되고 있으며, 다양한 연구에서 autoencoder의 latent representation을 이용한 예측 성능 향상을 실험적으로 보여주었다.

VAE(Variational Autoencoder)*

VAE는 기존 autoencoder에 확률 개념을 추가한 모델이다. Autoencoder에서는 입력 데이터를 그대로 복원하기 위해 학습이 진행되었다면, VAE에서는 입력 데이터의 확률 분포를 얻기 위해 학습이 진행된다.

* Kingma, Diederik P., and Max Welling. "Auto-encoding variational bayes." arXiv preprint arXiv:1312.6114 (2013)

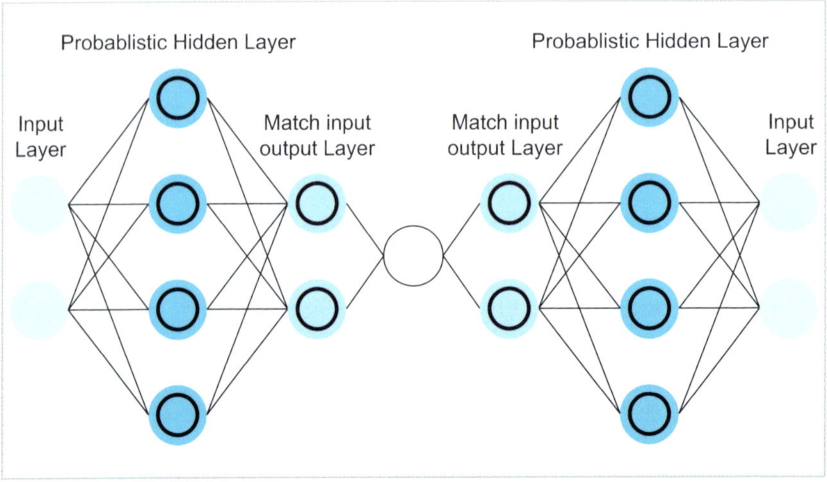

VAE의 구조

간단하게 이해하자면, autoencoder는 입력 데이터를 매핑하기 위한 함수이며, VAE는 입력 데이터를 생성하는 확률 분포의 확률밀도함수를 학습한다고 생각할 수 있다. 이 과정에서 VAE는 계산 및 학습의 편의성, 범용성 등을 위해 입력 데이터의 확률 분포를 학습함으로써, 학습한 확률 분포로부터 데이터를 생성하는 게 목적이다. VAE는 입력 데이터가 생성되는 확률 분포 자체를 학습하기 때문에 generative model(주어진 트레이닝 데이터의 특징을 학습하여 트레이닝 데이터와 유사한 새로운 데이터를 생성하는 데 목적을 가짐)로도 활용할 수 있다.

CNN(Convolutional Neural Network)*

CNN은 아마도 가장 유명한 인공신경망 중 하나일 것이다. CNN은 생명체

* LeCun, Yann, et al. "Gradient-based learning applied to document recognition." Proceedings of the IEEE 86.11 (1998)

의 시각 처리 방식을 모방하기 위해 convolution이라는 연산을 인공신경망에 도입함으로써 이미지 처리 분야에서 기존의 머신 러닝 알고리즘들을 압도하였다. 2016년에 공개된 알파고에서도 CNN 기반의 딥러닝 알고리즘이 이용되었다.

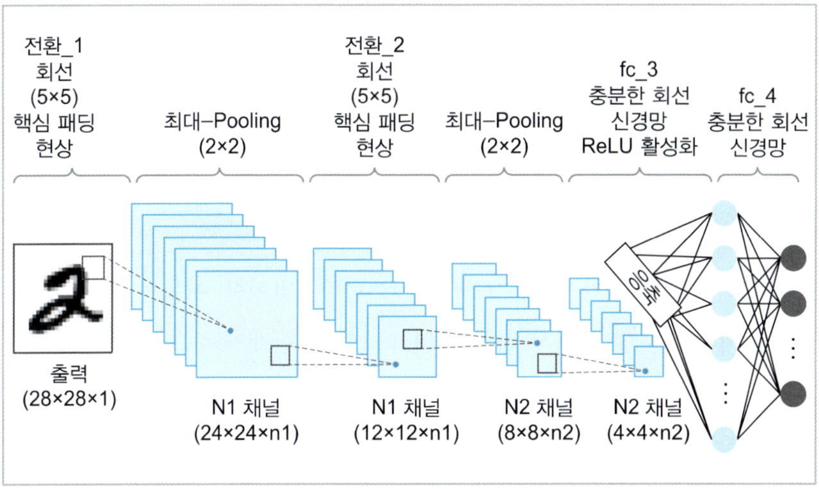

CNN의 구조

그림에서 볼 수 있듯이 CNN에서는 입력 및 출력 부분에서 뉴런들이 느슨하게 연결되어 있다. 이러한 구조적 특징에 의해 CNN은 DFN이나 RNN에 비해 학습해야 하는 가중치의 수가 적으며, 이 덕분에 학습 및 예측이 빠르다는 장점이 있다. 최근에는 CNN의 강력한 예측 성능과 계산상의 효율성을 바탕으로 이미지뿐만 아니라 시계열 데이터에도 CNN을 적용하는 연구가 활발히 진행되고 있다.

DNN(Deep Neural Network)

심층신경망DNN은 입력층 input layer와 출력층 output layer사이에 여러 개의 은닉층 hidden layer들로 이루어진 인공신경망이다. 심층신경망은 다중의 은닉층을 포함하여 다양한 비선형적 관계를 학습할 수 있다. 그러나 학습을 위한 많은 연산량과 과하게 학습하여 실제 데이터에 대해 오차가 증가하는 과적합overfitting, 기울기값의 소실문제vanishing gradient problem 등의 문제가 발생할 수 있다. 2000년대 이후 드롭아웃drop-out, ReLURectifier Linear Unit, 배치정규화batch normalization 등의 기법이 적용되면서 딥러닝deep learning의 핵심모델로 활용되고 있다.

앞에서 신경망 연구가 암흑기(1981~1986년)를 맞이한 이유는 사고 범위 문제를 해결하는 데 있어서 컴퓨팅 연산 성능의 한계가 주요한 이유였다고 설명한 바 있다. 하지만 1990년 후반 고속 인터넷망 보급과 대용량 이미지나 동영상 등이 만들어지기 시작했고, 이를 전송하고 처리하기 위하여 컴퓨팅 연산 성능도 더욱 향상되었다. 즉, 고속 인터넷망 보급, 컴퓨팅 연산 성능향상으로 문제점이었던 컴퓨팅 연산 성능의 한계가 극복된 것이다. 그 결과 이미지나 음성데이터를 처리하는 데이터 분산처리가 가능해져 심층 신경망 등이 더욱 더 발전하는 계기가 되었다.

Deep Residual Network(DRN)*

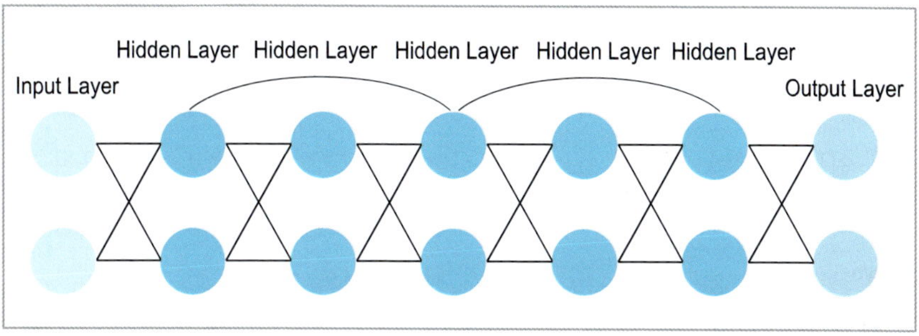

DRN의 구조

DRN은 "인공신경망에서 계층이 많아질수록 성능이 증가하는가?"라는 딥러닝의 근본적인 질문에서부터 시작한다. DRN 논문의 실험에서는 계층이 많아질수록 성능이 향상되지 않았으며, 오히려 성능이 하락하는 문제까지 발생했었다. 인공신경망이 깊어질수록 성능이 하락하는 문제는 계층이 많아질수록 학습이 어려워진다는 점 때문에 발생하는데, 이를 해결하기 위해 DRN 논문의 저자들은 skip connection이라는 것을 제안했다. 일반적인 인공신경망에서는 데이터가 계층의 순서에 따라 순차적으로 전파되는 것에 비해 DRN에서는 데이터가 다음 계층뿐만 아니라, 더 이후의 계층까지 직접 전달된다.

* He, Kaiming, et al. "Deep residual learning for image recognition." Computer Vision and Pattern Recognition (CVPR), 2016 IEEE Conference on. IEEE, 2016.

Generative Adversarial Network(GAN)*

요즘 가장 인기 있는 인공신경망을 하나를 선택하라면 아마도 대부분은 GAN을 말할 것이다. GAN은 VAE와 같은 generative model이며, 특히 이미지를 생성하는데 있어서 뛰어난 성능을 보여주고 있다. 이외에도 데이터셋에 없는 사람의 얼굴을 스스로 생성하거나, 고흐의 화풍을 모방하여 새로운 그림을 그리는 등 놀라운 결과물들을 보여주었다. GAN이 생성한 그림이 크리스티 경매에서 43만 달러에 낙찰되기도 했다.

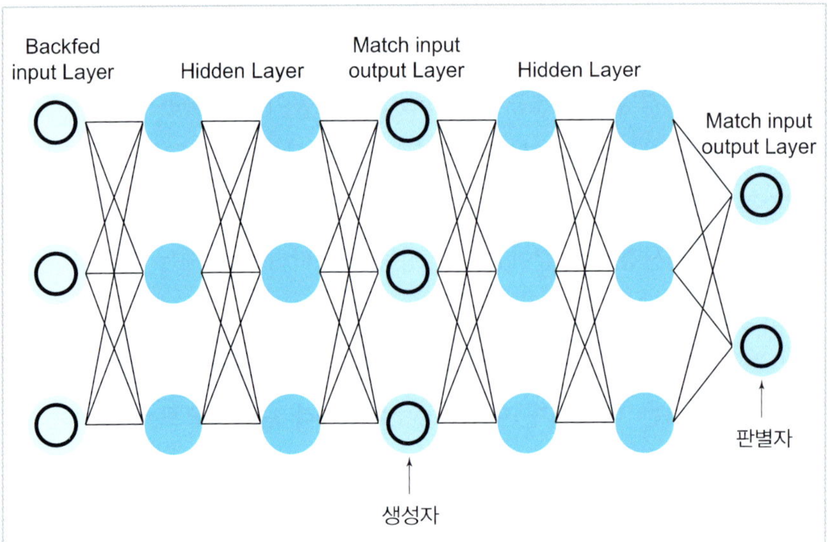

GAN의 구조

기존의 인공신경망과는 다르게 GAN은 두 개의 인공신경망이 서로 경쟁하

* Goodfellow, Ian, et al. "Generative adversarial nets." Advances in Neural Information Processing Systems (2014)

며 학습이 진행된다. 이러한 두 개의 인공신경망을 generator와 discriminator라고 하며, 각각은 서로 다른 목적을 가지고 학습된다. Generator는 주어진 데이터를 보고 최대한 데이터와 비슷한 가짜 데이터를 생성한다.

Discriminator는 진짜 데이터와 generator가 만든 가짜 데이터가 입력되었을 때, 어떤 것이 진짜 데이터인지를 판별한다.

그림에서 볼 수 있듯이 생성Generator AI는 판정Discrimination AI를 속이기 위한 생성 이미지를 만들고 판정 AI는 진짜 이미지(실제 이미지 데이터베이스)와 가짜 이미지(생성 AI가 생성한 이미지)를 서로 구분하는 과정을 반복한다. 이 반복을 통해 판정 AI는 진짜 이미지와 가짜 이미지를 구별하는 능력이 향상되고 생성 AI는 계속해서 진짜 같은 가짜 이미지를 만들어 내는 것이다. 이러한 생성 AI와 판정 AI의 경쟁을 통해 두 모델의 성능이 모두 향상되는 결과를 얻을 수 있다.

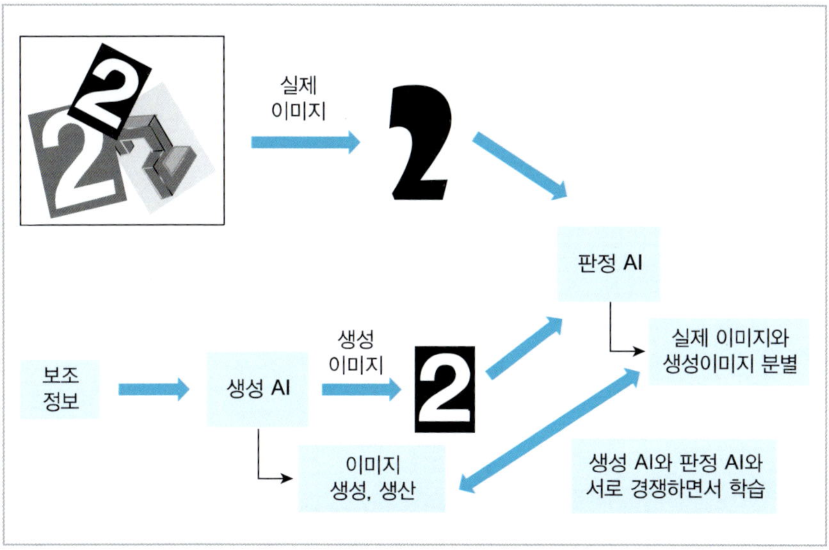

GAN의 구조

CHAPTER 2

인공지능 활용 사례

인공지능의 기능은 우리의 실생활속에서도 쉽게 찾아볼 수 있다. 우리가 이용하는 스마트폰, 인터넷, 쇼핑몰, 의료진단, 자동차 등 활용사례를 찾는 것은 너무나도 쉬운 일이다. 이번 장에서는 글로벌기업과 국내 기업이 인공지능을 어떻게 개발하고 활용하고 있는지 그 사례를 분야별로 살펴보기로 한다.

1 분야별 인공지능 활용사례

자동차 분야

인공지능과 자동차는 서로 땔 수 없는 불가분의 관계가 되었다. 자동차가 이제 단순한 운송 수단에서 벗어나 양방향 인터넷, 모바일 서비스가 가능한 '커넥티드 카'로 나아가고 있기 때문이다. 인공지능이 자동차와 만나는 영역은 다양하다. 자율주행을 실현해주기도 하고, 자동차에 발생한 문제를 알아채 정비에 도움을 주기도, 운전자의 명령을 수행하는 비서가 되기도 한다.

요즘 새로 나온 신차의 TV 광고 중에, 운전자가 "더워, 창문 열어줘"하면 스스로 창문을 여는 광고가 있다. 이러한 기능은 음성인식 인공지능의 발전으로 가능해졌다.

소리 또는 이미지로 문제를 진단하는 인공지능 고장진단시스템*

자동차에서 평소와 다른 소음이 난다면 고장난 데가 있는지 의심하게 된다. 전문가인 정비사도 고장 부위를 빠르게 알아내긴 힘들지만 인공지능을 이용하면 자동차가 고장났을 때 내는 이상 소음만 듣고 원인 진단을 바로 내릴 수 있다. 소리로 자동차의 고장 부위를 진단하는 인공지능 기술이 개발되었고, 현재 정확도를 높이기 위해 더 많은 데이터 학습을 진행 중이다. 머지않아 소리만 듣고도 어디가 고장인지 진단할 수 있는 시대가 올 것이다. 또한 고성능 카메라, 이미지 프로세서, 영상처리 및 분석소프트웨어로 구성된 머신비전으로도 고장을 진단할 수 있다. 이제 사람이 눈으로 보고, 소리로 듣고, 판단하는 과정을 기계가 대체할 것이다. 지금도 산업의 전 분야에서 적용되고 있으며, 지속적으로 늘어가는 추세이다.

인공지능 기술이 활용된 자가진단 시스템**

* https://blog.hyundai-mnsoft.com/1444 [현대엠엔소프트 공식 기업 블로그]

** https://blog.hyundai-mnsoft.com

자율주행 기술

인공지능의 가장 대표적인 예는 자율주행일 것이다. 자율주행의 사전적 해석은 자동차, 비행기, 로봇 등 기계 장치가 외부의 힘을 빌리지 않고 자체 장착된 각종 센서와 컴퓨팅 시스템에 의존하여 자유롭게 주행하는 것*이다. 운전자 없이 운행하는 무인자동차나 무인항공기, 로봇주행 등이 있다.

현재 유명 자동차업체뿐만 아니라 IT업계 또한 개발을 위해 열띤 경쟁 중이며, 이 중 자율주행 기술 100퍼센트 무인차를 추구하는 구글이 앞서 있다고 보고 있다. 또한 전기자동차의 선두주자인 테슬라도 개발에 박차를

자율 주행 기술의 활용**

* TTA정보통신용어사전

** https://blog.hyundai-mnsoft.com

가하고 있다. 자율주행차는 내비게이션, 제어시스템, 차선이탈, 차선 유지, 후측방 센서, 비디오카메라, GPS 등 여러 가지 인공지능 기술과 제어기술을 포함하고 있다. 이러한 센서 기술과 인공지능 알고리즘을 통해 주행 중 정보를 스스로 해석하여 주변 환경을 측정하고 위험을 감지하여 운행하게 된다.

아직 무인운전의 상용화에 대해서는 위험성의 이유로 논란이 많지만 머지않은 미래에 무인택배차, 무인드론이 나와 우리 실생활에 적용될 것으로 예상된다.

음성인식 분야

요즘에는 스마트폰으로 무엇인가를 찾거나 전화 걸 때, 자동차 주행중 숫자나 문자를 입력하지 않고 목소리로 명령하여 처리하는 시대가 되었다. 초기에는 오답률이 20% 수준으로 많은 에러가 있었지만 현재는 5% 이내 수준으로 거의 완벽히 인식할 수 있는 수준에 다다르고 있다고 한다.

초기의 인간과 컴퓨터간 인터페이스 방식은 '텍스트text'였다가 점차 '그래픽Graphic'으로 진화되었다. 그래픽 기반 인터페이스 GUIGraphic User Interface는 특정 어플리케이션 아이콘을 마우스로 클릭하거나 손가락으로 터치하는 형태를 말한다. 그 다음으로 등장한 게 음성인식 기반 인터페이스 VUIVoice User Interface이다. 이러한 특정수단을 활용하여 인간이 하고자 하는 일을 컴퓨터에게 전달하는 것은 인터페이스의 공통점이다. 하지만 음성인식은 소리를 정확히 인식하고, 인식한 음성을 명령어로 변환시키고, 인식된 명령어를 바탕으로 해당 기능이나 서비스를 연결시키는 작업도 수반되어야 한다. 또한 '개인화된 장치냐' 아니면 '공용장치냐'에 따라 서비스를 제공할 수 있는 권한과 데이터 공유 등도 고려되어야 한다.

요즘 신차들은 운전 중 내비게이션에게 목적지를 설정하거나 재설정할 때 음성으로 명령을 내리고, 문자가 오면 답장을 음성으로 지시해 이행할 수 있도록 하는 기능까지 제공하고 있다. 자동차 안에 음성 개인비서가 생긴 것이다.

음성인식기술의 활용*

예전에 스마트폰이 나오면서 시계를 대신하는 일이 발생했는데, 그때 아마도 이런 상상을 해 봤을 것이다. 카메라도 언젠가는 스마트폰이 대신하겠구나 하고. 이런 상상이 불과 얼마 전인 것으로 알고 있다. 지금은 카메라

* http://news.suwon.go.kr/?p=13&viewMode=view&reqIdx= 201811141835570327 / e수원뉴스

를 가지고 다니면서 여행을 하는 여행자가 점점 줄고 있다. 스마트폰의 영상인식 기술이 카메라를 대신할 수 있는 시대가 온 것이다. 카메라는 그렇다 치고 스마트폰 음성인식은 어떤가? 이제는 음성으로 명령하고 처리하는 시대이다. 이 인터페이스의 혁신은 터치 인터페이스 즉, 그래픽기반 인터페이스가 이끌었다고 할 수 있다. 그리고 터치 인터페이스의 멀티 태스킹을 할 수 없도록 하는 불편함을 극복한 기술이 바로 음성 인터페이스이다. 요즘 잘 활용하고 있는 스마트폰 음성비서나 스마트 스피커를 통해 자기가 원하는 행동을 컴퓨터가 대신할 수 있도록 지시하고 있다.

음성인터페이스는 이제 막 무섭게 성장하고 있다. 스마트폰 등장이 세상을 더 편리하게 만들었다면 이제는 음성 인터페이스로 무장된 새로운 디바이스의 출현은 오랜 시간에 걸쳐 삶의 많은 부분은 변화시키고 새로운 가치를 만들어 낼 것이다.*

앞으로는 인공지능과 결합한 음성인식은 IoT를 제어하는 핵심으로 자리잡을 수도 있고, 이러한 기능으로 스마트홈SmartHome의 완성도가 가속화되어 생활이 보다 편리해지지 않을까 기대가 된다.

현재 세계에서 제일 잘 나가는 AI 스피커는 무엇일까? 구글이나 애플의 AI 스피커? 아니다. 미국의 스마트스피커 시장에서 아마존의 독주체제는 당분간 지속될 것이라 전망하고 있다. 구글이나 애플도 신제품을 출시하고 있지만 여전히 알렉사 AI 비서를 장착한 에코라는 스피커가 70% 이상의 점유율을 보이고 있다.

아마존의 에코는 질문에 대한 답변과 함께 다양한 정보를 얻을 수 있으며,

* http://www. UlpacTrend.co.kr/ICT

영상통화 기능을 제공하고 있다. 또한 미국 최대 의료 포털 웹닥터WebMD의 데이터베이스를 탑재하여 치료법에 대한 질문과 답변을 주고 받을 수 있는 기능을 제공한다.

아마존의 알렉사가 탑재된 AI음성비서 스피커 에코*

현재까지 잘 알려진 음성인식 인공지능으로는 아이폰의 시리Siri, 구글의 어시스턴트Assistnat, 마이크로소프트의 코타나Cortana가 있으며, 국내 기업으로는 삼성의 빅스비Bixby, 네이버 클로바NAVER Clova 등이 있다. 시리는 애플 제품에서만 구동이 가능하며, 구글 어시스턴트는 안드로이드 스마트폰(LG 등) 및 구글 Home에서 사용가능하다. 코타나는 윈도우 폰 및 윈도우 탑재 기기를 지원하고, 빅스비는 아직 갤럭시폰에서만 가능하다. 이러한 음성인식 비서는 인간과 기계(시스템)의 새로운 상호작용이 가능하게 만들고, 나아가 인터페이스까지 변화시켜 마우스나 키보드 등 별도의 장비없이 사람

* http://www.amazon.com

의 음성으로만 기기 또는 IoT를 제어할 수 있는 NUI Natural User Interface라고 부르는 인터페이스로 진화될 것이다. 또한 단순명령에만 의존하는 과거의 음성인식 비서가 아니라 사용자 경험을 이해하고 자연어 처리가 가능한 생각할 줄 아는 인공지능 비서로 모든 기기 조작을 컨트롤하는 시대가 점점 더 다가오고 있다.

광고 분야

얼마 전 개인적인 이유로 미국에 거주한 적이 있다. 그 당시 아마존에서 골프와 관련된 몇 가지 물건을 온라인으로 거래한 적이 있다. 그 이후 관련된 물건이 온라인시장에 나오거나 그와 관련되는 상품에 대하여 추천메일이 계속 오고 있다. 아마존은 각각 소비자들의 소비데이터를 토대로 소비자에게 꼭 맞는 상품이나 관련 상품 광고를 추천하는 머신러닝(추천엔진)을 사용하여 처리하고 있다. 효과적인 추천 결과를 내기 위해서는 사용자가 방문한 웹 사이트나 페이지 기록, 쇼핑몰 사이트의 구매 이력 등의 다양한 정보를 활용해 통계 모델을 고안하고 구현한다.

웹 사이트에 표시되는 광고나 뉴스 이외의 관련 정보를 알려주는 것도 추천 엔진의 처리 결과 중 하나이다. 이러한 처리 결과를 내는 데는 주콘텐츠와 연관되는 콘텐츠가 어느 정도 비슷한 정보인지를 알아내는 유사성 분석이 중요하다. 이러한 유사성이나 서로 관련성 높은 내용을 찾거나 제공할 수 있는 시스템을 구축하는데 딥러닝과 머신러닝 알고리즘의 활용이 늘어나고 있다. 또한 텍스트, 숫자 데이터, 이미지, 동영상, 음악 등의 다양한 데이터(라벨링이나 카테고리화 하지 않은 원시데이터)도 머신러닝의 발전과 추천 엔진의 개발 등에 따라 개인 취향에 맞춘 정보를 제공할 것으로 예상한다.*

어도비는 유통기업이 온·오프라인 매장에서 탁월한 고객경험관리CXM, Customer eXperience Management를 할 수 있도록 돕는 어도비 익스피리언스 클라우드Adobe eXperience Cloud를 개발했다. 이 솔루션은 자체적으로 개발한 인공지능(AI) 및 머신러닝 프레임워크인 어도비 센세이를 활용해 사용자 피드백을 반영한 개인화된 인사이트를 제공해 구매전환율과 충성도를 계속 추적한다. 또한 디스플레이 광고의 디자인, 카피, 레이아웃 등 기본적인 요소를 관리하고 매출 및 비용, 수익성까지 자동으로 분석해 준다. 그리고 고객별 추천 알고리즘을 통해 고객에게 관심있는 다양한 상품들을 추천하는 기능도 가지고 있다.

IBM의 인공지능 엔진 '왓슨'을 활용해 간편하게 고품질의 이미지, 영상, 음악을 찾고 편집해 마케팅에 활용할 수 있도록 하는 사례도 있다. 라이선스가 있는 이미지, 영상, 음원 등을 유료로 공급하는 미국 정보기술(IT)기업 셔터스톡Shutterstock과 IBM이 협력해 마케팅 담당자들이 고객들을 대상으로 멀티미디어 마케팅 캠페인을 쉽고 간편하게 제작할 수 있는 서비스를 제공한다.

IBM 왓슨

왓슨은 IBM이 개발한 인공지능 플랫폼이다. 왓슨은 사람의 말을 이해하고 방대한 데이터 베이스를 이용해 고도의 지능적인 문제를 분석해 답을 찾아내는 수준까지 도달했다. 즉 왓슨은 사람과 유사

* 알고리즘으로 배우는 인공지능, 머신러닝, 딥러닝 입문(김의중 저)

한 방식으로 엄청난 양의 데이터를 분석하고 처리할 수 있으며, 자연어를 이해하고 근거자료에 기반한 가설을 제안하고 학습하는 것도 가능하다. 왓슨은 2011년 미국 ABC 텔레비전 퀴즈쇼 '제퍼티Jeopardy'에서 우승하면서 크게 주목을 받았으며 의료, 은행, 보험, 질병의 진단과 치료, 유통 및 교육에 이르기까지 다양한 분야에서 활용중에 있다.

비즈니스 분야

기업의 경영전략 수립에 있어서 비즈니스 인텔리전스Business Intelligence 도구는 필수적이다. 예전에는 개인의 경험에 의존해 분석하고 예측하고 실행하던 것을 소프트웨어와 서비스 도구로 대신하여 보다 정교하고 과학적으로 수행하고 있다. BI는 기업의 전략적, 전술적 의사결정에 유용한 정보를 조사해 트렌드를 파악하고 인사이트를 도출해 보고서, 대쉬보드, 그래프, 도표, 지도 등 다양한 시각화 결과물로 제시함으로서 AI를 통해 의사결정을 보다 쉽게 할 수 있도록 지원한다.

HelloFresh社밀 키트(간편 요리 세트) 회사는 AI를 활용한 중앙 집중식 비즈니스 인텔리전스 솔루션을 통해 프로세스를 자동화하여 마케팅 분석 작업 시간을 획기적으로 단축했다. 이를 통해 지역별로 차별화된 디지털 마케팅 캠페인을 기획할 수 있는 역량도 가질 수 있었으며, 또한 고객 행동 분석 집계를 토대로 고객 유형을 분류하고, 실시간으로 데이터를 추적하여 고객 행동에 대응한 최적의 마케팅 캠페인을 전개할 수 있어 고객 전환율 증가와 유지율이 향상되었다고 보도한 바 있다.*

* https://www.tableau.com/ko-kr/learn/articles/business-intelligence-examples

I-STREAM社인공지능 기반 BI & 빅데이터분석기업는 기업에서 발생한 방대한 양의 데이터를 추출에서부터 분석 · 결과 · 활용에 이르는 全 과정을 지원하는 통합 데이터 분석 솔루션을 활용 중에 있다. 사용자 중심의 직관적인 UI로 데이터 추출, 알고리즘 적용, 분석, 결과저장 등의 업무를 쉽고 빠르게 처리할 수 있으며, 인공신경망ANN, 심층신경네트워크DNN, 합성곱신경망CNN 등 다양한 인공지능 및 통계 알고리즘으로 구성되었다. 최근에는 코로나19 확진자를 예측하는 등 빅데이터 분석을 통한 예측 솔루션으로 활용되고 있다.*

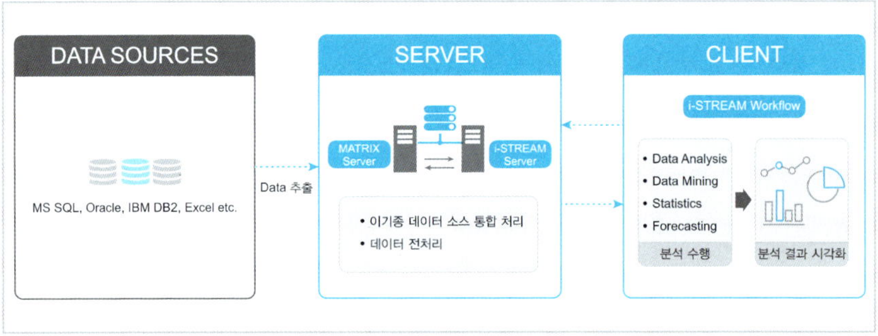

데이터분석 구조도

국내 유통업계에서도 고객간 신속한 일처리를 위해 인공지능 기술이 활용되고 있다. 롯데 홈쇼핑에서는 상담주문 과정에서 자동응답시스템ARS과 채팅 알고리즘 챗봇을 활용해서 보다 신속한 서비스를 제공하고 있으며, BGF 리테일은 CU편의점 판매대에 인공지능 음성인식 스피커를 배치하므로써 재고파악, 배송상품 조회 등에 활용하여 업무의 편리성을 증대시키고 있다. 또한 스타벅스는 인공지능 모바일 내비게이션으로 운전중 음성으로

* http://www.bimatrix.co.kr/products/i-stream/

음료, 매장선택 및 결제가 가능하게 하여 매장에서 기다리는 시간을 획기적으로 단축하고 있다.

의료 분야

IBM이 개발한 인공지능 왓슨은 핵심기술을 세 가지 가지고 있다. 첫째 자연어를 이해하는 기술이다. 둘째 추론을 통한 가설을 생성하고 검증하는 기술이며, 셋째 지속적으로 학습해 전문지식을 발전시키는 기계학습 기술이다. 이러한 인공지능 기술을 접목하여 전문지식을 학습하고, 추론을 통해 객관적이며 과학적으로 인지된 상황에서 가장 적절한 해답을 제시한다. 의료분야에서도 예외는 아니다. 왓슨은 암과 관련된 수십만 건 이상의 사례와 42개 이상의 의학전문 저널의 전문지식을 모두 학습해 폐암·유방암·대장암·결장암 등에 대해 개인맞춤형 암 진단지원 서비스를 의사에게 제공하고 있다.

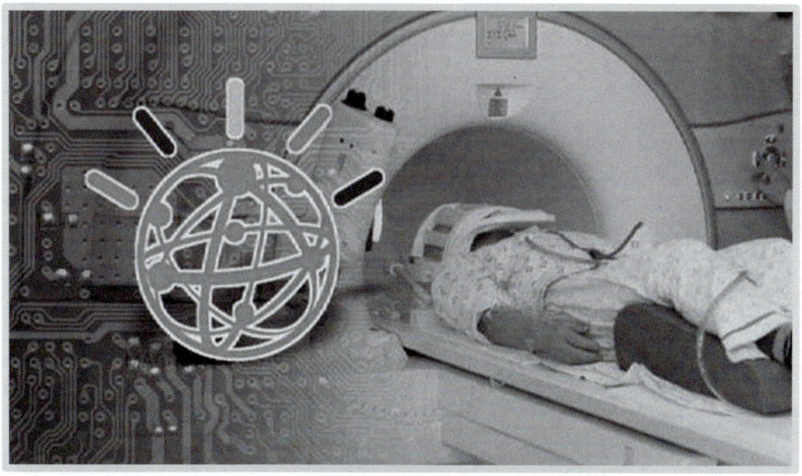

인공지능 의사 왓슨 국내 도입[출처 : JTBC]

우리나라는 2016년 가천대 길병원을 시작으로 건양대병원, 부산대병원, 계명대동산병원 등 AI를 도입해 치료 보조수단으로 활용되고 있다. AI 도입은 의료에서 이제 피할 수 없는 현실이다. 폭증하는 의료정보를 감당하기 위해서는 의료진들도 AI 활용 빈도를 높일 수밖에 없다. 하지만 최근 열풍이 시들해지면서 대형병원이 도입을 외면하고 있다. 이유는 왓슨과 의료진의 진단 일치율이 다소 차이가 나기 때문이다. 아직 AI가 의료분야에 안착하기 위해서는 갈 길이 멀다는 지적도 나오고 있다.

일본 옵팀OPTiM은 의료영상진단 지원 AI 통합 오픈 플랫폼인 아미다스AMIAS, AI Medical Image Analysis Suite를 이용해 국내외 인공지능 프로그램 업체가 개발한 다양한 의료 영상 진단지원 프로그램과 연동하여 활용할 수 있도록 하였다. 아미다스는 AI 및 IoT 플랫폼인 'OPTAM Cloud IoT OS'를 기반으로 하고 있으며, 여러 분야의 데이터를 공유하여 처리하고 있어 의료진의 수고를 덜어 주고 있다. 이러한 의료분야의 인공지능 솔루션은 의

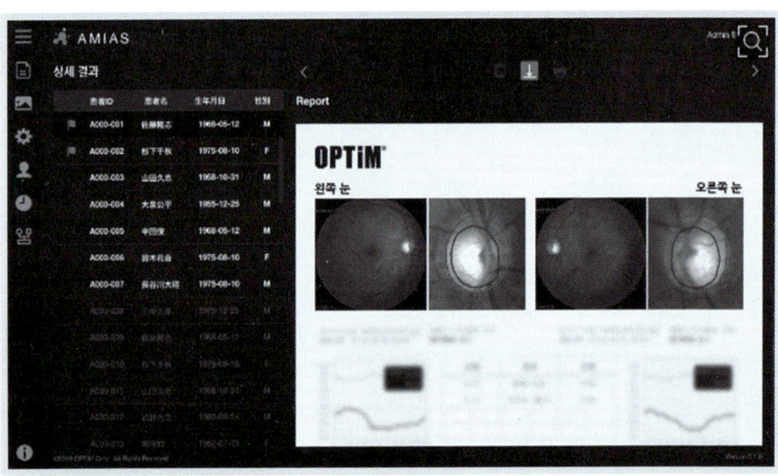

안검 해석 결과

사가 오진율을 낮추고 좀 더 빠르고 정확한 의사결정을 하는데 도움을 주는 것은 분명한 사실이다.

그러나 의료분야의 인공지능은 아직 국내에서 인정되는 치료법과 진단 일치율, 국내외 암 발병율의 차이 등에 따라 정확도가 떨어지므로 그에 대한 대책도 필요한 시점이다.*

로봇 분야

산업현장에서 인간을 대신해 작업을 해주는 자동화 산업로봇은 이미 많은 산업현장에서 보편화되어 사용되고 있으며, 이러한 로봇들이 활용되어 보다 정밀하게 제품을 만들고, 대량생산이 가능하게 되었다. 하지만 요즘은 인공지능 기술의 발달로 인간의 모습을 한 로봇, 즉 휴머노이드humanoid의 발전이 눈부시다. 1993년 대전 세계 엑스포박람회에서 마스코트로 활약한 게어-2 (1992년 KAIST 양현승 교수 개발)를 시작으로 현존하는 세계 최고 수준의 소피아까지 더욱 발전을 거듭하고 있다.

인천공항에는 LG전자에서 만든 인공지능 안내로봇 '에어스타'와 청소로봇을 배치해 운영하고 있다. 이 로봇은 4개 국어(영어, 중국어, 일본어, 한국어)를 구사할 수 있으며, 공항내 목적지나 이동거리, 시간 등을 안내할 수 있는 수준의 간단한 응답이 가능하다.

이러한 휴머노이드 로봇은 인간의 말을 알아듣고 그에 대해 적정한 답을 낼 수 있으며, 더 나아가 스스로 판단하여 인간의 삶에 도움을 줄 수 있는 지능을 갖춘 로봇으로 진화할 것으로 보고 있다. 소피아의 경우 인터뷰 도

* www.aitimes.kr

중 '인류를 파멸시키겠다'는 발언을 해 화제를 모으기도 했다. 단순한 프로그래밍에 의한 농담이었다고 하지만 인공지능이 더욱 발전하여 스스로 행동하기 시작한다면 공상영화에 나오는 인간과 비슷한 로봇처럼 될 수도 있지 않을까?하고 상상해본다.

인공인간 SOPHIA[출처 : CNBC]

휴머노이드 로봇이 스스로 행동하기 위해서는 강화 학습이 필요하다. 이러한 강화학습으로 로봇이 더 똑똑해지면 활용할 수 있는 영역은 무궁무진하다. 어린이 교육용 장난감, 고령자를 위한 생활 도우미, 병간호 로봇, 청소하는 로봇, 반려견 친구 등 삶의 질을 최대한 유지하거나 높일 수 있을 것이다.

챗봇 분야

챗봇은 2000년 전후부터 인공지능 등을 이용한 프로그램이 등장해 인기를

끌었다. 하지만 과거의 챗봇은 머신러닝과 같은 고급 알고리즘을 이용하는 것이 아니라 시스템 안에서 플로우차트에 따라 입력 내용에 응답하는 정도였다. 이러한 챗봇 서비스는 AI 기술이 발전하면서 글자 정보를 제공하는 기존의 기능에서 친구와 대화하듯 편하고 친근하게 정보를 얻을 수 있는 개인화 서비스로 진화하고 있다.

따라서 챗봇은 자연어 처리의 성능 향상을 꾸준히 추구해왔다. 예를 들면 문장에서 필요한 의미를 찾는 주제 모델Topic model을 발전시켜 자연스러운 대화나 번역을 할 수 있도록 하고, 관련된 정보를 찾아 응답해주는 기술로 발전시켜 왔다.

네이버가 2016년에 공개한 라온LAON이나 검색 소프트웨어 업체 솔트룩스의 아담ADAMS 등은 딥러닝 기술을 활용해서 한국어를 활용해서 자연스러

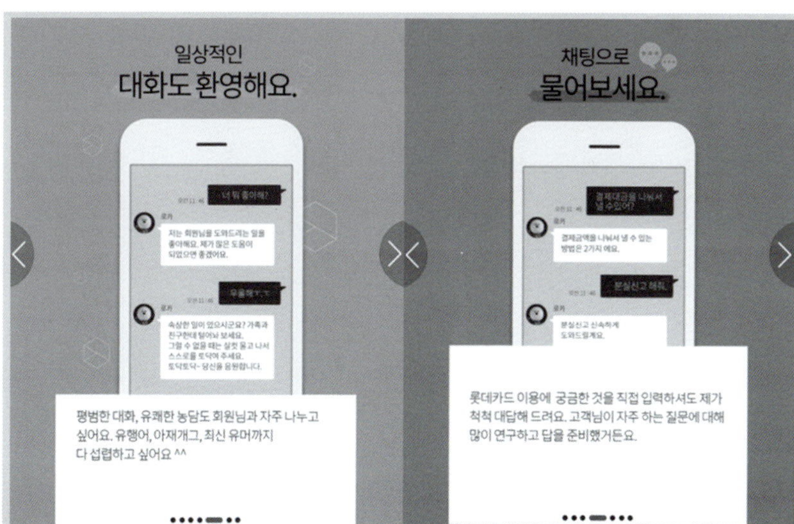

롯데카드 AI 챗봇 '로카' 이미지/사진 = 롯데카드

운 대화를 할 수 있도록 만든 예이다. 요즘에는 페이스북 등의 SNS 기업 등이 이 챗봇 프로그램을 개발할 수 있는 API를 공개하거나 자신만의 대화형 인공지능 챗봇을 제작할 수 있도록 플랫폼을 제공한다. 이러한 플랫폼은 머신러닝 및 자연어 처리NLP, National Language Processing에 기반한 인공지능 기술과 사용자의 대화를 기록한 대화지식 DB를 바탕으로 스스로 인간의 언어를 학습할 수 있다. 향후 사람의 언어를 완벽하게 알아듣는 자연어처리 분야도 큰 발전이 있을 것으로 예상한다.

2 구글 딥마인드와 IBM 딥 블루

구글 딥마인드

알파고AlphaGo는 구글Google의 딥마인드DeepMind Technologies Limited가 개발한 인공지능 바둑 프로그램이다. 영국의 스타트업 기업이었던 딥마인드가 2014년 구글에 인수되면서 개발이 본격적으로 진행되었다. 2015~2017년 프로토타입 버전인 알파고 판, 알파고 리, 알파고 마스터가 공개되었고, 2018년에는 바둑을 포함한 보드게임에 적용할 수 있는 범용 인공지능 알파 제로Alpha Zero를 발표하였다.

알파고는 2015년 유럽 바둑 챔피언십 EGC에서 3차례 우승한 프랑스의 판 후이 2단과의 5번기 대국에서 모두 승리해 핸디캡(접바둑) 없이 호선(맞바둑)으로 프로 바둑 기사를 이긴 최초의 컴퓨터 바둑 프로그램이 되었다. 2016년에는 여러 국제 기전에서 18차례 우승했던 세계 최상위급 프로 기사인 이세돌 9단과의 5번기 공개 대국에서 대부분의 예상을 깨고 4승 1패로 승리해 현존 최고 인공지능으로 등극하면서 세계를 놀라게 했다. 2017년에는 당시 바둑 세계 랭킹 1위 프로 기사였던 커제 9단과의 3번기 공개 대국과 중국 대표 5인과의 상담기(相談棋, 단체전)에서도 모두 승리하며 세계에서 가장 강력한 인공지능임을 다시 한 번 각인시켰다. 이러한 대국을 통해 인공지능의 새 장을 열었다는 평가를 받았으며, 바둑계는 기존의 통념을 깨뜨리는 창의적인 수와 대세관으로 수천 년 동안 이어진 패러다임이 바뀔 것으로 전망했다.

향후 딥마인드는 인공지능이 인류가 새로운 영역을 개척하고 진리를 발견할 수 있도록 돕게 될 것이며, 또한 질병진단 및 건강관리, 신약개발, 기후변화예측, 무인 자율주행차, 스마트폰 개인비서 등 사회 全 분야로 확대해 미래의 다양한 핵심 서비스 사업에 적용할 수 있는 범용 인공지능으로 개발한다는 계획을 발표하기도 하였다.

[출처 : 유튜브 바둑TV LIVE]

IBM 딥 블루

딥 블루Deep blue는 미국의 컴퓨터 · 정보기기 제조업체인 IBM의 과학자들이 8년에 걸쳐 만든 슈퍼 컴퓨터이다. 이 컴퓨터는 32개의 마이크로프로세스와 512개의 체스칩이 내장되어 있고 초당 3억 개의 경우의 수를 계산할 수 있다. 이 컴퓨터는 1997년 12년간 세계 체스챔피언으로 있던 러시아의 카스파로프Garry Kasparov와 체스 대결에 승리하면서 세계적인 주목을 받았다. 딥블루가 세계 체스 챔피언에게 승리할 수 있었던 이유는 과거 100년간 열린 주요 체스 경기의 기보와 유명 체스 선수들의 경기 스타일이 내장되었으며, 딥 블루의 예측 함수는 많은 예측 가능한 경우를 포함하는 일반화된 형태로 짜여 있다. 또한 이 함수의 값들은 수천 개 이상의 대국을 분석한 컴퓨터 자신에 의해서 결정하는 기능을 가지고 있기에 IBM 딥 블루가 세계 체스 챔피언에게 승리할 수 있었다.

(좌)1996년 대결(Photo by Laurence Kesterson)/(우) 컴퓨터 역사박물관에 전시된 딥 블루

3 인공 지능과 머신러닝, 그리고 딥러닝

앞서 설명한 것들을 정리해보자.

인공 지능은 '인간의 지능을 기계로 구현하는 것'이다.

1956년 당시 인공 지능의 선구자들이 꿈꾼 것은 최종적으로 인간의 지능과 유사한 특성을 가진 복잡한 컴퓨터를 제작하는 것이었다. 이렇듯 인간의 감각, 사고력을 지닌 채 인간처럼 생각하는 인공 지능을 강한 AI[Strong AI]라고 한다. 하지만, 현재의 기술 발전 수준에서 만들 수 있는 인공지능은 약한 AI[Weak AI]의 개념에 포함된다. 약한 AI는 소셜 미디어의 이미지 분류 서비스나 얼굴 인식 기능 등과 같이 특정 작업을 인간 이상의 능력으로 해낼 수 있도록 하는 것이다.

머신 러닝은 '인공 지능을 구현하는 구체적 접근 방식'이다.

머신 러닝은 기본적으로 알고리즘을 이용해 데이터를 분석하고, 분석을 통해 학습하며, 학습한 내용을 기반으로 판단이나 예측을 한다. 따라서 궁극적으로는 의사 결정 기준에 대한 구체적인 지침을 대량의 데이터와 알고리즘을 통해 컴퓨터 그 자체가 학습하여 작업 수행 방법을 익히는 것을 목표로 한다. 이것 또한 완전한 강한 AI가 아닌 약한 AI이다.

현재 머신 러닝은 인간의 시각을 컴퓨터가 할 수 있도록 하는 컴퓨터 비전 등의 분야에서 큰 성과를 이뤄내고 있으나, 아직까지는 일정부분에서 기계가 인식할 수 있도록 정보를 제공해야 한다. 현재 머신 러닝의 이미지 인식률은 95% 수준으로 상용화하기에 충분한 성능을 구현하지만, 움직이는 물체라든가, 무엇인가에 가려 보이지 않는 이미지에 대해서는 인식할 수가 없다. 아직까지 인공지능은 생각을 할 수 없기 때문이다.

딥러닝은 '완전한 머신 러닝을 실현하는 기술'이다.

초기 머신 러닝 연구자들이 만든 알고리즘인 인공 신경망artificial neural network에 영감을 준 것은 인간의 뇌가 지닌 생물학적 특성, 특히 뉴런의 연결 구조였으며, 물리적으로 근접한 뉴런은 상호 연결이 가능하다는 논리이다. 인공신경망에서 발전한 형태의 인공 지능인 딥러닝은 뇌의 뉴런과 유사한 정보 입출력 계층을 활용해 데이터를 학습한다. 현재에는 병렬연산에 최적화된 GPU의 등장으로 신경망의 연산 속도를 획기적으로 증가하여 진정한 딥러닝 기반의 인공 지능이 등장하였다.

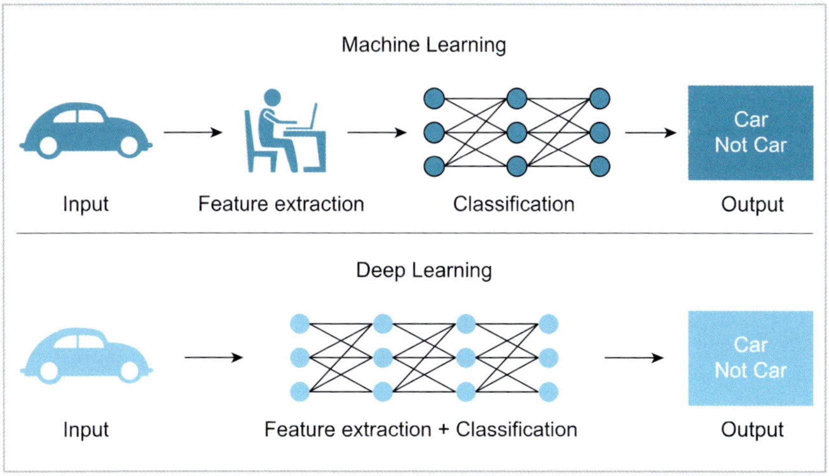

[자료 : Towards Data Science, 메리츠종금증권 리서치센터]

2012년에 구글과 스탠퍼드대 앤드류 응Andrew NG 교수는 1만 6,000개의 컴퓨터로 약 10억 개 이상의 신경망으로 이뤄진 '심층신경망Deep Neural Network'을 구현했다. 이를 통해 유튜브에서 이미지 1,000만 개를 뽑아 분석한 뒤, 컴퓨터가 사람과 고양이 사진을 분류하도록 하는데 성공했다. 컴퓨터가 영상에 나온 고양이의 형태와 생김새를 인식하고 판단하는 과정을 스스로 학습하게 한 것이다.

이 밖에도 딥러닝의 활용 영역에는 혈액의 암세포, MRI 스캔에서의 종양 식별 능력 등이 포함된다. 앞으로 더 많은 데이터를 바탕으로 스스로 학습하여 인공지능은 더욱 발전할 것이다.*

* http://pub.chosun.com/홍익희의 세상만사, 알파고 소회

CHAPTER 3

국내외 기업의 인공지능 이야기

이 장에서는 국내외 기업에서 활용되고 있는 인공지능은 어떠한 것이 있는지 살펴보기로 한다.

1 사용자에 대한 패턴을 인식하고 추천하는 인공지능은 어떤 것들이 있을까?

유튜브에 대해서는 할 말이 많다. 구글링이라는 단어를 많이 들어봤을 것이다. 검색사이트인 구글에서 키워드로 검색하는 것을 의미한다. 이제는 텍스트가 아니고 동영상이다. 전 세계를 동영상으로 지배하고 있는 새로운 플랫폼, 바로 '유튜브'이다. 예전의 텍스트 중심의 검색에서 블로그, 미니홈피의 이미지 중심 콘텐츠에서, 이제는 동영상 콘텐츠로 발전하고 있다. 이 한가운데 절대적인 영향력을 발휘하고 있는 것이 유튜브다. 이제는 동영상 플랫폼에서 검색 엔진으로 진화하고 있다. 이러한 진화에는 동영상을 검색하면 관련 동영상의 목록이 나온다거나, 자연스럽게 '다음 동영상' 목록을 추천하거나, 사용자의 패턴을 인식하고 추천하는 기능 등을 인공지능으로 처리하여 보다 빠르게 사용자와 가까워졌기 때문일지도 모른다. 최근에는 유튜브에 올라오는 영상의 정책위반심사를 사람이 아닌 인공지능이 하게 하는 등 점차적으로 인공지능 비중을 늘리고 있다.

넷플릭스는 개인에 대한 다양한 추천 알고리즘을 통해 개인 영화관을 제공하고 있다. 넷플릭스에 따르면 빅데이터와 인공지능을 통해 현재 트렌드 추천기능과 나이 또는 비슷한 성향 등 추천 알고리즘 서비스를 통해 약 80% 수준이 추천된 콘텐츠를 이용하고 있다고 한다.

아마존은 인공비서 에코뿐만 아니라 회원들의 소비 패턴을 분석해 구매 가능한 상품을 추천하며, 고객 정보 및 배송이력, 물류 창고 위치, 상품 재고 현황, 상품 위치 등 주문 또는 배송과 관련된 분석 및 예측을 인공지능을 통해 처리한다. 또한 아마존닷컴 물류센터에선 '키바KIVA'라는 로봇을 도입해 상품수송 이동경로 계산이나 최적화에 머신러닝 기법을 활용하고 있다. 아마존은 이미 과거부터 현재까지 많은 인력과 비용을 인공지능 연구개발에 투자하고 있다. 2017년에는 생산성을 근거로 직원 해고 여부를 결정하는 인공지능까지 도입하여 논란을 일으키기도 했으나 고객의 품질만족도나 경영혁신을 위해 말하기 인식Speech recognition, 자연언어 이해Natural Language Understanding, 시각이해Visual Understanding 등의 인공지능분야에 지속적으로 투자하고 있다.

트위터는 팔로워와 매월 3억 3천명에 육박하는 활성사용자가 마이크로 블로그(280자 공유)를 공유하는 세계 최대 소셜미디어 플랫폼이다. 트위터는 개인과 가장 관련있는 트윗을 추천하기도 하며, 초당 수천 개의 트윗을 스캔하고 점수를 매겨 피드별로 순위를 매기는 등에 인공지능을 활용하고 있다. 최근에는 생방송 앱인 페리스코프[Periscope]과 동영상 공유 서비스인 바인[Vine]의 기능을 향상시키기 위해 컴퓨터 비전과 기계학습, 고성능 컴퓨팅, 신경과학 등에 집중 투자하고 있다.

네이버가 자체 연구하고 개발한 인공지능 기반 추천시스템 AiRS[AI Recommender System]는 이용자의 관심사인 콘텐츠를 추천해주는 플랫폼이다. 이 플랫폼의 CF[Collaborative Filtering] 기술은 사용자들이 콘텐츠를 소비하는 패턴을 분석한 후, 비슷한 관심 분야를 가진 사용자를 묶어내고, 이 과정을 통해 사용자와 비슷한 관심사를 가진 사람들이 많이 본 콘텐츠를 추천하는 기능을 가지고 있다. 또한 인공신경망 기술 RNN[Recurreng Neural Network]을 통해 사용자의 콘텐츠 사용 순으로 정교하게 분석 가능하며, 최신 콘텐츠까지 적합하게 추천할 수 있도록 스스로 학습하는 능력을 갖춘 플랫폼이다.

이러한 패턴인식과 추천관련 인공지능 활용은 미디어 업계에서 활발하게 늘어나고 있다. 국제뉴스미디어협회[INMA]에 따르면 언론사에서 인공지능을 활용하는 방식은 챗봇, 타깃광고, 인공지능 비서 서비스 활용, 로봇에 의한 기사작성[로봇 저널리즘] 등이 있다. 그 사례는 다음과 같다.

영국의 가디언[Guardian]은 독자의 체류시간, 재방문율, 기사 완독율, 공유 정도, 접속기기의 종류 등 다양한 정보를 실시간으로 분석하는 프로그램 오판Ophan을 개발해 뉴스배포에 활용하고 있다. 또한 쉽스테드Schibsted는 개인화된 콘텐츠와 광고를 제공하기 위해 독자의 성별을 100% 알아맞히는 알고리즘을 개발하여 독자에 대한 인구통계학적 정보를 확보하고 있다.

워싱턴 포스트Washington Post는 인공지능을 사용하여 댓글을 분석하는 소프트웨어인 모드봇ModBot을 출시하였으며, 머신러닝 기술을 사용하여 댓글을 자동으로 필터링하고 실시간으로 모니터링해 정책에 따라 댓글을 신고, 승인 또는 삭제하는 기능을 사용하고 있다.

챗봇chatbot은 인공지능을 활용해 컴퓨터가 인간의 대화를 학습하고 사람과 대화하는 가상의 로봇기술이라고 설명하였다. 이러한 챗봇은 최신뉴스, 추천뉴스를 보여준다거나 간단한 질문에 대답하는 형식으로 뉴스를 내보내기도 한다. 워싱턴포스트, 월스드리트저널, 테크크런치 등이 챗봇을 통해 사람들이 궁금해 하는 점을 대화로 알려주기도 하고, 다른 메신저를 통해 자동화된 메시지로 전달하는 등으로 뉴스를 제공하고 있다.

APAssociated Press는 워드스미스Wordsmith 인공지능 플랫폼을 이용하여 기업의 실적 뉴스를 자동으로 생산하여 보도하고 있다. 이 밖에 워싱턴 포스트, 포브스, 뉴욕 타임즈, 로이터 등은 뉴스의 정확성과 신속성을 위해 한정되어 있긴 하지만, 자동으로 데이터를 생산하고 뉴스를 만드는 뉴스룸봇news-room bot을 활용하고 있으며, 범위도 점차적으로 확대하고 있다.*

* www.newswire.co.kr/인공지능

2

의료와 건강분야에서는 어떤 인공지능이 사용될까?

현재 의료기기 산업은 인공지능의 접목으로 병의 진단과 함께 의사의 치료를 돕기 위한 보조수단으로 활용되고 있다. 인공지능을 이용하여 대용량의 의학저널과 전문서적, 과거 경험까지 자료를 습득하고 스스로 트레이닝까지 한다. 이를 통해 여러 가지 경우의 수를 예측하여 진료의 정확도를 높이고 혹시나 발생할 수 있는 오진율을 낮추며, 원격진료도 가능하게 하고 있다. 현재로는 인공지능과 빅데이터를 기반으로 도출된 결과를 토대로 최종 판단은 의사가 결정하지만 향후에는 그 결정마저도 인공지능이 하는 시대가 올 것이라 전문가들은 예견하고 있다.

IBM의 왓슨은 앞서 언급했지만, 이 부분에서 선두주자이다. 왓슨은 자연어 형식으로 된 질문에 답할 수 있는 인공지능으로 200여종의 의학 교과서, 290여종의 의학 저널, 1,200만 쪽의 의학 전문자료를 포함하고 있으며, 스스로 학습하는 기능까지 가지고 있다. 그러나 국내의 경우 축척된 데이터에 따라 오진율이 발생할 확률이 높아 아직까지는 기초진단 외에는 큰 효과를 보지 못하고 있다. 하지만 앞으로의 가능성을 두고 본다면 의료분야 또한 머지않아 인공지능을 통해 자동진단이 가능할 것으로 전문가들은 보고 있다.

또 다른 사례도 있다. 20년 4월 전 세계적으로 코로나19 확진자가 급증하고 있다. CT나 엑스레이로 촬영한 폐의 영상을 인공지능으로 분석해 코로나19의 감염과 병의 진행여부를 판단할 수 있는 인공지능 기술들이 속속 등장하여 격무에 시달리는 방사선 전문인력의 업무를 크게 덜어줄 수 있는 솔루션으로 각광받고 있다. IEEE[Institute of Electrical and Electronics Engineers](전기전자기술자협회) 스펙트럼(IEEE에서 발간하는 전자/전기 전문매체)에 따르면 이스라엘의 건강관련 소프트웨어 업체인 래드로직스[RADLogics], 중국의 알리바바, 홍콩의 이투 헬스케어[Yitu healthcare], 우리나라의 루닛[Lunit] 등 업체들이 CT와 엑스레이 영상을 분석해 환자들의 감염여부, 병의 진행상황 등을 모니터링할 수 있는 딥러닝 솔루션을 내놓고 있다. 이러한 솔루션은 엑스레이 영상 검사만으로는 코로나19를 진단하는 데 있어서, 한계가 존재하

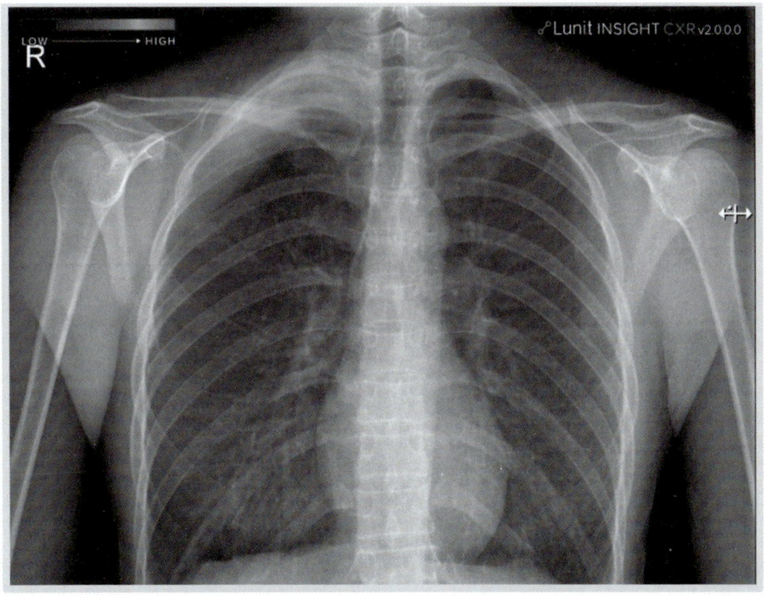

사진은 Lunit INSIGHT CXR 2로 검출한 기흉 케이스로 병원에서 사용하는 판독 시스템(PACS)에 탑재되어 최적화됐다(사진: 루닛) [출처 : 로봇신문]

지만 진단키트가 부족한 의료 현장에서 우선적으로 검사해야 할 대상을 선별하거나, 확진된 환자의 중증도 분류 등에 활용되고 있다. 또한 더 많은 확진자 케이스를 활용해 인공지능을 훈련시킴으로서 환자의 상태나 호전 여부, 치료수준 등을 예측할 수 있을 것으로 전망하고 있다.*

건강분야의 인공지능은 대중들이 건강관리에 대한 관심이 높아지면서 다양한 기업에서 지금까지 없었던 제품이나 서비스를 개발하거나 제공하고 있다. 구글의 'Google Coach'라는 건강관리에 특화된 웨어러블은 User에게 얻은 데이터와 인공지능을 활용하여 운동습관 형성을 권장하고 진행상황을 추적하며, 트레이닝 스케줄을 생성하여 제공한다. 또한 영양부분에 있어서도 생활주변 식당의 장소와 패턴을 토대로 식단을 제공하며, 직접 요리를 하는 User에게는 식사계획과 관련된 쇼핑리스트를 제공하기도 한다. AI를 활용한 건강관리나 정신건강 등 헬스케어부분에 있어서도 지속적으로 성장하고 있다. 또한 미국의 유망 스타트업 기업인 GRAIL은 혈액검사로 암을 스크리닝하는 시스템을 개발하고 있으며, Freenome도 혈액 샘플을 토대로 암 조기발견을 목표로 개발하고 있다. iCarbonX는 인공 지능을 활용하여 개인 건강 분석 및 건강 지수를 예측하여 제공하는 중국 생명공학 회사이다. 다양한 유형의 의료 데이터 수집을 전문으로 하는 세계 각국의 기술 회사와 제휴하여 게놈, 생리학 및 행동 데이터를 분석하고 User에 정의된 건강 및 의학적 조언을 제공하고 있다. 이러한 헬스테크 분야는 인간의 생명과 밀접한 관련으로 서비스의 품질이 매우 높아야 하지만, 머지않아 인공지능이 이를 대신할 수 있는 세상도 기대해 봄 직하다.**

* wwww.irobotnews.com

** 모바일 경제연구소(https://blog.naver.com/meri_01)

3
법률분야와 금융분야에서는 어떤 인공지능이 사용될까?

모든 산업분야에서 인공지능은 괄목할 만한 성장을 거듭해오고 있다. 법률 연구, 변론을 위한 법률 문서의 초안 작성 및 재판의 결과 예측과 같은 보다 복잡한 작업을 단기간에 수행하기 위해 인공지능은 **법률분야에서도 필수적인 수단으로 인식되고 있다**. 협상이나 변론 또는 정교한 법률자문은 인공지능이 할 수 없지만, 관련성 있는 사례를 찾는다거나, 법률문서를 작성하는데 많은 도움을 줄 수는 있다. 미국 변호사 협회(ABA American Bar Association)의 '2018 Legal Technology Survey Report'에 따르면 2018년 변호사의 10%만이 법률업무에 AI 기반 기술도구를 사용하고 있으며, '2019 Bloomberg Law'의 설문조사에 따르면 법률회사 및 법률부서의 4명 중 1명만이 AI 기반 법률기술을 사용하고 있다고 발표했다. 아직 법률분야 인공지능은 초기 단계인 듯 싶다. 하지만 Casetext, Judicata, Ross, Points of Law, Westlaw, Lexis에서는, AI 기반 법률도구를 활용하여 가장 관련성이 높은 판례를 검색하여 활용할 수 있도록 솔루션을 제공하고 있다.*

* 아주경제, 법조산책

금융서비스 분야에서 인공지능의 적용은 이미 활발하다. 싱가포르 개발은행DBS과 호주 뉴질랜드은행ANZ, 남아공의 네드뱅킹Ned Bank 등은 IBM의 왓슨을 이용해 맞춤형 투자자문 및 자산관리 서비스를 제공하고 있다. 또 트레이딩 영역과 금융보고서 작성 등에 인공지능이 적용되고 있다. DataVisor는 인공지능으로 가짜 리뷰나 정보, 사기성 계정fraud account, 부정거래transaction fraud 등을 실시간으로 찾아낼 수 있는 AI 솔루션을 개발했다. 가짜 계정, 사기 거래 등 사기성 계정과 부정거래에 대한 데이터와 패턴분석을 통한 기계학습으로 사람이 찾는 것보다 최대한 빠르게 가짜 정보나 계정을 찾을 수 있게 도와준다.

4 인간과 같은 자연어를 만들고 이미지를 텍스트화하는 인공지능은 없을까?

Narrative Science에서 개발한 퀼[Quill]이라는 소프트웨어 로봇은 기사를 스스로 작성한다. 미국의 경제잡지인 포브스 온라인판에서 이 소프트웨어를 활용해 작성한 기사를 게재하고 있다. 기사의 완성도가 뛰어나 하나의 기사로 인정할 만한 수준이라 한다. 이 로봇은 자연 언어 생성 기술을 사용하여 기상예보, 금융시장 및 기업재무, 스포츠 등 데이터를 기반으로 하여 스토리가 있는 언어로 변환하여 스트레이트성 기사를 작성한다. AI가 가장 관련성이 높고 흥미로운 정보만 추출하고 데이터를 이해하기 쉬운 보고서로 변환하고 통계를 스스로 스토리로 변환하여 기사를 작성한다. 단순히 데이터를 늘어놓는 것이 아니라 스스로 데이터가 가진 의미를 추론하고 파악하여 사람이 이해할 수 있는 체계화된 언어로 만들어 내고 있다.*

Orbital Insight는 인공지능을 이용하여 지구관련 이미지 데이터를 유용하

* LG CNS의 IT Life

게 만드는 회사이다. 이 회사의 기계학습 알고리즘을 이용하여 산업분야에서 크게 농업, 소비자, 에너지, 금융서비스, 보험, 공공부문, NGO의 서비스를 제공하고 있다. 예를 들면 각국의 석유 비축량, 가뭄지역과 홍수지역의 상황 파악, 인구 통계학적 변이 파악, 자연재해 대응 및 빈곤지역 사각지대 파악 등 인간의 눈에는 일반적으로 보이지 않는 농업 및 에너지산업과 관련된 것을 예측하고 추정한다. 이 회사는 협력업체인 초소형 위성을 만드는 민간 우주기업 플래닛 랩스Planet Labs를 통해 지구 전체를 고해상도로 찍은 사진을 분석하여 다양한 산업분야에서 효과적인 의사결정을 내릴 수 있도록 컨설팅 정보를 제공하고 있다.

5

인공지능을 이용하여 이미지를 분석하고, 무엇인지 알려주는 앱은 없을까?

구글렌즈는 사물인식 기술과 자연언어 처리 기술을 Google 검색기술과 결합한 AI 플랫폼이다. 일상생활에서 어떤 물건이나 꽃, 동물 등이 무엇인지 궁금했던 적이 한번쯤 있을 것이다. 가격이라든지, 상품명이라든지, 이름이라든지 등등 이름이라도 안다면 바로 검색을 통해 알 수 있지만 모른다면 방법이 없다. 이런 불편함을 구글의 정보검색 기술과 통합한 인공지능 구글렌즈가 해결하고 있다. 그냥 구글렌즈로 사진만 찍으면 된다. 구글렌즈가 알아서 알려준다. 또한 텍스트로도 저장할 수 있다. 영어로 된 문장을 구글렌즈로 찍으면 관련 내용을 번역할 수도 있고, 영화속의 등장하는 인물을 바로 검색해서 제공해 준다.

얼마전 드라마에서 꽃을 찍으니 관련 정보가 나오는 장면이 있었는데 아마도 이와 관련된 기술인 것 같다. 이러한 기술은 네이버NAVER에서도 서비스되니 한번쯤 사용해봄직 하다.

구글렌즈

스마트렌즈

6

보안분야에서는 인공지능이 어떻게 활용될까?

기업은행이 금융감독원, 한국정보화진흥원과 공동으로 통화 도중 보이스피싱 사기 확률이 일정수준에 도달하면 경고 음성과 진동으로 알려주는 AI 기반의 보이스피싱 탐지기능인 'IBK피싱스톱'을 개발했다. 딥러닝으로 학습된 시나리오를 기반으로 통화내용을 실시간 분석해 보이스피싱 위험도를 진단하고 기존에 축적된 보이스피싱 사례와 패턴, 문맥, 단어 등을 대

[출처 : IBK은행]

조해 위험도를 판별하고 있다. 이 앱은 금융감독원 등 관련 기관과의 공조를 통해 휴대폰의 운용체제Operating system, 제조업체 상관없이 이용할 수 있도록 할 예정이다.

보이싱피싱은 아주 단순한 사기로 볼 수 있지만, 인공지능과 머신러닝으로 무장한 사이버범죄자들에 의해 탐지를 우회하는 등의 악의적인 용도로 사용될 가능성이 증가하고 있다. 사이버보안 영역에서 막고 뚫는 인공지능 간의 대결을 볼 수 있을 것이다. 사이버공격은 기존에 투자된 보안 기술을 우회하기 위해 진화를 거듭할 것으로 보이며, 기업이나 개인은 위협에 대응할 수 있는 전략과 보안체계를 갖춰야 할 것이다. 예를 들면 가정용 IoT 기기는 네트워크 침투를 위한 거점으로 악용할 가능성이 있으며, IoT 기기의 편리성을 악용하여 정보를 가로채 데이터를 조정할 수도 있다. 또한 기업의 서비스형 소프트웨어 SaaS도 보안과의 전쟁을 선포해야 할지도 모른다. 기업의 민첩함을 높이고 디지털변환을 추구하기 위한 이러한 시스템 및 솔루션은 한 번의 단순한 해킹으로도 엄청난 양의 데이터를 유출하여 피해를 입을 수 있다.

이와 같이 기하급수적으로 늘어나는 악성코드와 사이버공격을 처리하는 보안솔루션에 머신러닝을 적용하고 있다. 글로벌기업인 IBM과 시만텍Symantee, 트렌드마이크로Trendmicro, 카스퍼스키랩Kasperskylab 등이 있으며 국내 보안기업도 마찬가지이다. 안랩AmLab의 지능형 위협 대응 솔루션 '안랩 MDS 에이전트'나 세인트시큐리티saint security의 '맥스', SK인포섹의 보안관제시스템인 '시큐디움' 등은 악성코드 등 사전에 공격으로 정의된 규칙을 빅데이터와 머신러닝으로 찾아내고 이를 학습하여 자동분석을 통해 위협을 자동차단하는 기능을 가지고 있다.

인공지능, 사물인터넷 등 기술의 진보로 사이버범죄는 또 다른 형태로 진화할 것이다. 이러한 사이버범죄의 지능화는 국가 인프라에 대한 공격과 인터넷으로 연결된 스마트그리드의 공격, 금융사기 등 더 발전된 모습으로 증가할 것이다. 이에 맞서 인공지능 기반으로 범죄 발생을 탐지하고 사전에 예방할 수 있는 방어체계 기술도 지속적으로 개발될 것이다.

7

사람의 말을 알아듣고 대답해 주는 인공지능은 무엇일까?

인공지능 비서, 말하는 스피커 등 사람의 말을 알아듣고 대답해주는 일들이 현재 스마트폰, 스피커, 자동차까지 다양한 분야에 적용되며 계속 발전하고 있다. 인공지능 비서는 기계가 인간의 말을 알아듣고 이에 적당한 답변을 해주는 서비스이다. 이러한 기능은 인공지능을 이용하여 음성인식, 자연어처리, 음성발화의 과정을 거쳐 이루어진다. 인공지능 비서나 인공지능 스피커는 이러한 원리로 만들어진다.*

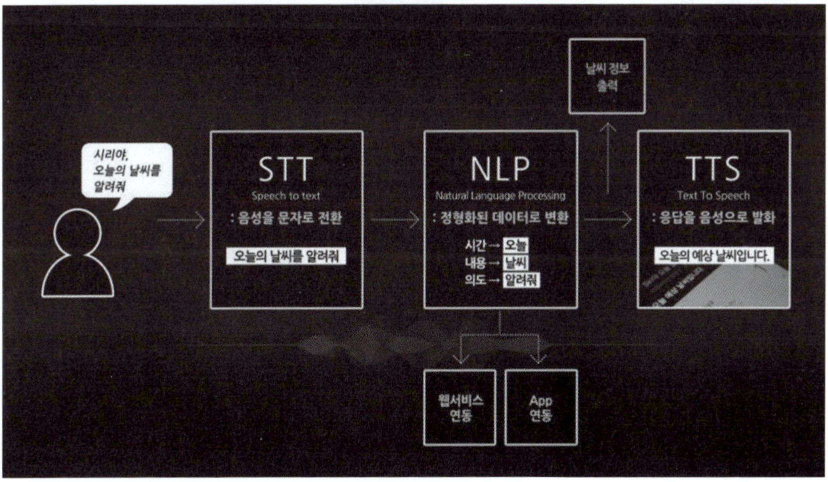

음성비서의 원리[출처 : 플립커뮤니케이션스 BLEND IT]

* 플립커뮤니케이션스 BLEND IT, 음성비서의 원리

음성인식은 사람이 하는 말을 문자로 바꾸는 기술(STT Speech to Text)이며, 다음 단계인 자연어처리는 사람이 한 말 즉, 비정형데이터를 기계가 이해할 수 있는 정형데이터로 바꾸는 기술이다. 이를 자연어처리(NLP Natural Language Processing)라 한다. 인공지능은 사람이 한 말을 이해하기 위해 형태소 분석, 의미 이해 분석 등의 과정을 걸쳐 문장에 담긴 정보를 추출해 말의 의도를 파악한다. 다음 단계인 음성발화는 문자로 구성된 응답을 사람의 목소리로 전환하는 과정(TTS Text To Speech)이다. 요즘에는 목소리를 사용자가 선택할 수도 있다. 이러한 음성인식으로 스마트폰의 인공지능 비서와 인공지능 스피커 비서는 현재 가파른 성장세를 보이고 있으며, 그 범위를 넓혀가며 성정하고 있다.

비서 및 스피커 통합

삼성전자가 개발한 **빅스비**Bixby는 딥러닝 기반의 인공지능 음성비서 서비스이다. 빅스비의 특징은 사용자의 명령이나 질의응답을 통해 계속 반복 학습을 하다보면 딥러닝 기술을 바탕으로 개발됐기 때문에 시간이 지날수록 만족할 만한 서비스를 보여준다. 삼성전자는 자사에서 생산하는 제품이나 스마트폰의 앱과 연동되어 모든 서비스의 접점을 아우를 수 있도록 자유롭게 확장하는 플랫폼으로 진화중이라고 밝히고 있다. 예를 들어 복잡한 주문도 자연어처리로 가능하게 하고 삼성페이와 연동되어 해당 업체와의 계산까지 스스로 해주는 수준까지 이르렀다.

[출처 : 빅스비 홈페이지]

애플Apple의 Siri도 삼성전자의 빅스비나 네이버의 클로바와 마찬가지로 사용자가 음성으로 명령하면 이에 답하는 개인비서 서비스다. 개인 일정 등을 알려주고, 웹상에서 검색내용을 바탕으로 스스로 대답하거나 검색내용을 보여주거나 음식점을 찾아 예약하는 등의 기능을 수행한다. 또한 아이폰과 연계된 앱을 실행시키기도 한다.

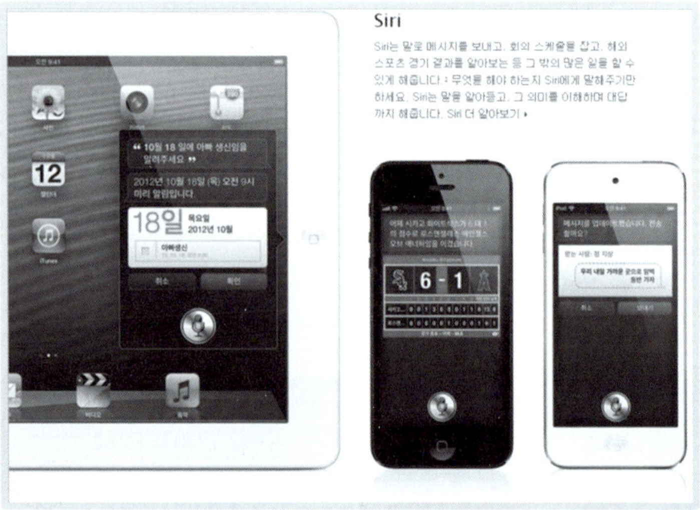

사진 : Siri 애플 홈페이지

네이버Naver의 클로바는 딥러닝 기술을 사용하여 자연어 처리, 음성 인식을 처리하는 인공지능 플랫폼이다. 필요한 정보와 일정을 관리해주고, 콘텐츠와 음악을 추천 및 친구처럼 음성으로 대화도 할 수 있다.

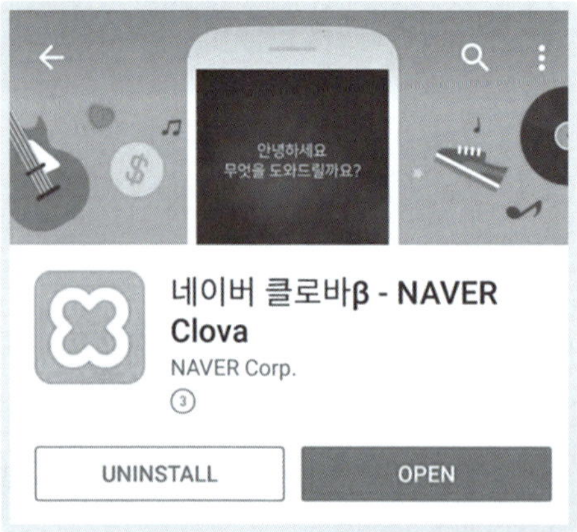

사진 : Clova 설치메뉴얼

8

유명한 인공지능 스피커는 어떤 것들이 있을까?

구글Google **홈허브**는 딥러닝 기반 스마트 스피커이다. 사람이 한 말을 분석하고 원하는 정보를 검색하여 제공한다. 명령 실행, 쇼핑 목록 작성, 친구에게 전화 걸기와 같은 많은 일상적인 엔터테인먼트를 처리할 수 있다. 또한 다른 디바이스와 연동해 음성으로 조작이 가능해져 스마트홈을 구현할 수 있다.

[사진 : 구글 홈허브 홈페이지]

KT 기가지니는 셋톱박스 기능을 탑재한 인공지능 스피커이다. 셋톱박스 기능만 하는 것이 아니라 음성인식으로 명령에 대한 답변도 가능하고 카카오택시 앱과 연동되어 편리하게 택시를 호출하는 기능도 제공한다. 지식위키 검색결과를 제공하며, 연동되는 홈IoT와 가전까지 제어할 수 있다. 올레TV를 사용하는 사용자라면 보다 편리하게 TV를 콘트롤할 수 있다.

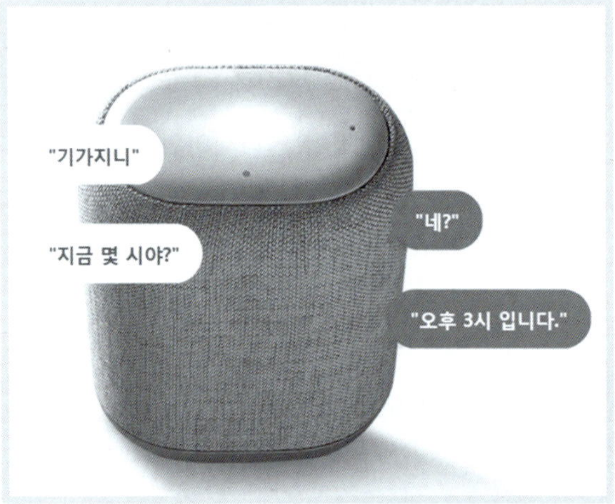

[사진 : 기가지니 홈페이지]

아마존Amazon 에코는 아마존닷컴이 개발한 스마트 스피커이다. 인공지능 플랫폼인 알렉사를 사용하여 음성 상호작용, 음악 재생, 할 일 목록 만들기, 알람 설정, 스트리밍 팟캐스트, 오디오북 재생, 날씨, 트래픽 및 기타 실시간 정보 제공을 할 수 있다. 또한 스마트 홈 허브 역할을 하면서 자신이 직접 여러 스마트 장치를 통제할 수 있으며, Amazon.Com과 연결해 음성명령으로 간단하게 쇼핑도 즐길 수 있다.

[출처 : 아마존 에코 홈페이지]

SKT의 NUGU는 음성인식 기반의 인공지능 서비스이다. TV를 자동으로 컨트롤할 수 있는 셋톱박스 역할을 하며, 간단한 명령으로 전화수신, 취소, 통화목록을 조회할 수도 있다. 또한 오늘 날씨는 어떤지, 출근길 도로상황은 어떤지 확인할 수 있으며, 10여개의 사전을 담고 있는 NUGU 백과 한영사전으로 시사상식, 사

[사진 : SKT NUGU 홈페이지]

자성어, 과학용어, 영단어 확인 등 다양한 정보를 검색할 수 있다. 또한 최신 개봉영화의 줄거리, 배우 정보 등도 검색해 볼 수 있다.

카카오kakao 아이는 카카오 기업에서 개발한 인공지능 플랫폼이다. 카카오가 보유한 핵심기술로 음성을 알아듣고, 대화를 이해하며, 이미지를 인식하고, 수많은 데이터를 확인하여 사용자가 원하는 것을 정확히 찾아줄 수 있는 기능을 보유하고 있다. 카카오 아이에는 시각엔진, 음성엔진, 음악엔진, 번역엔진, 대화엔진, 추천엔진을 포함하고 있으며, 손쉽게 카카오 인공지능 기술을 활용할 수 있도록 누구에게나 플랫폼을 제공하고 있다.

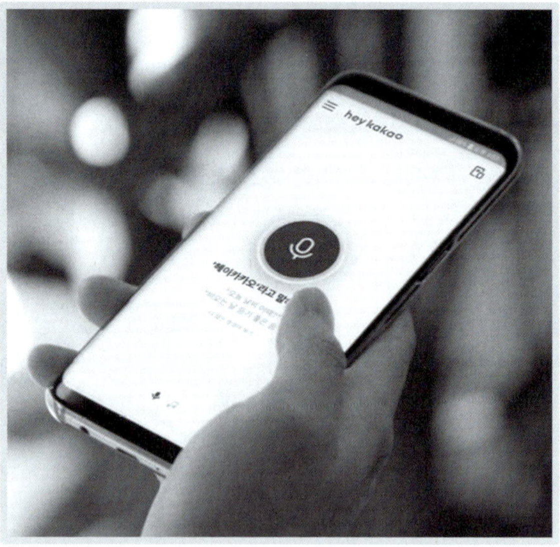

[출처 : 카카오 아이 홈페이지]

마이크로소프트Microsoft의 인공지능 활용에 대해 알아보자, MS는 머신러닝 Open 라이브러리나 이를 돌릴 수 있는 클라우드 플랫폼, AI 서비스 등 인공지능 대중화를 이끄는 회사 중 하나이다. 음성인식 서비스인 코타나Cortana

부터 오피스365, 다이나믹스365와 같은 애플리케이션, 그리고 코그니티브Cognitive 서비스와 같은 애저Azure AutoML(인공지능을 만드는 인공지능) 인프라까지 인공지능 전반에 걸친 모든 구성요소를 제공하고 있다. 인공지능과 관련한 여러 서비스는 애저 AutoML 위에서 돌아간다. 눈에 띄는 것은 쉽게 접근할 수 있는 AI 기술이 꽤 많이 있다는 것이다.

대표적인 예로 비디오 인덱서Video Indexer는 영상 속 인물의 발언을 자막으로 바로 나타낸다. 실시간 음성인식 기술을 이용한 것이다. 또한 발언한 내용 중 주요 키워드를 뽑아주고, 각 발언자의 점유율도 볼 수 있다. 축구경기라면 상대팀의 점유율도 실시간으로 볼 수 있는 것이다. 이 기능은 코그니티브 서비스의 일환이며, 코그니티브 서비스는 시각, 언어, 음성, 검색, 지식 등 다섯가지 분야로 나뉘어 필요한 부분을 바로 쓸 수 있도록 구성되어 있다. 게임과 같은 서비스도 여러 개 있다. 자연어처리가 관련해서는 말하는 사람이 누군지 해당 인물의 목소리만 뽑아내는 것도 가능하고 목소리만 듣고 해당 인물이 누군지 맞출 수 있다. 또한 사진속 얼굴을 판독해 나이가 몇인지도 제시해 줄 수 있다.*

음성인식 기술을 이용한 스마트폰서비스나 스피커, 챗봇은 이제 누구나 접할 수 있는 것이다. 그러나 어느 것이 좋다 나쁘다 말할 수는 어려울 것이다. 거의 평준화되었기 때문이다. 앞으로는 누가 더 많은 데이터를 가지고 학습을 시키느냐에 따라 경쟁에서 살아남을 것이다.

* 출처 : Byline Network, 마이크로소프트 특집

9

자율주행은 누가 이끌고 있는가?

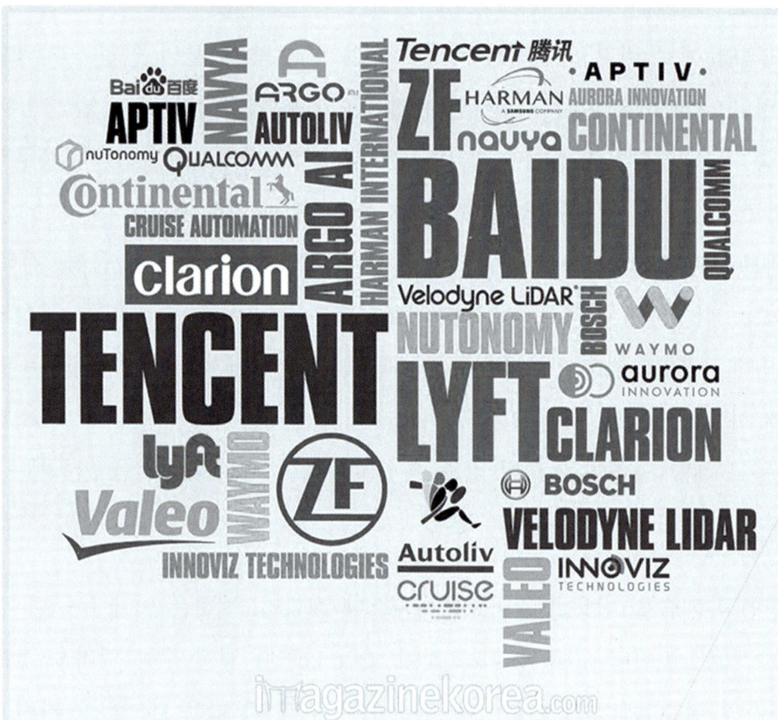

[출처 : imagazinekorea.com]

BAIDU

세계에서 가장 큰 중국어 검색 엔진으로 '중국의 구글'이라고 불리는 포털 바이두는 인공지능 자율주행차 플랫폼인 '아폴로 파일럿'을 개발했다. 아폴로 파일럿은 자율주행차를 위한 주요 기능들을 지원하며, 운전자의 운전 행태를 반영, 분석해 그에 맞는 자율주행 소프트웨어를 제공한다. 낮은 단계인 레벨 2단계부터 5단계 완전 자율주행 택시까지 모든 차에 적용할 수 있다고 한다. 한국의 군산공장에서 생산예정인 전기차 바이톤 엠바이트 BYTON M-BYTE는 이 운영체제를 탑재할 예정이다.*

미국 자동차공학회(SAE)의 자율주행 단계

단계	내용		관련 주요 첨단 사양 및 시스템	해당 주요 업체 (추정)
0단계	자동화 없음	운전자가 차량을 완전히 제어해야만 하는 단계	–	–
1단계	운전자 보조	조향, 가감속 등을 자동화해 운전자가 도움 받는 수준	정속주행장치 (ACC)	–
2단계	부분 자율주행	고속도로 주행시 차량 · 차선 인식, 앞차와 간격 유지 가능, 운전자가 주변 상황 주시	스마트 크루즈 컨트롤(ASCC), 조행 조향보조 시스템(LKAS) 등을 결합한 형태	바이두
3단계	조건적 자율주행	일정구간 자율주행 가능, 운전자가 주변 상황 주시해 돌발 상황 대비	첨단운전자 보조 시스템(ADAS)	테슬라, GM, BMW, 포드, 폭스바겐, 볼보
4단계	고도화된 자율주행	특정 도로조건에서 모든 안전 제어 가능	라이다(Lidar) 시스템	현대차, 벤츠, 도요타
5단계	완전 자율주행	운전자 개입없이 목적지까지 주차 등 모든 기능이 완전 자동화된 단계. 운전자 없어도 됨	커넥티드 시스템	구글, 애플 (특정 구간만 성공)

자율주행 단계

* www.imagazinekorea.com

WAYMO

구글이 만든 자율주행 기술 회사다. 'A new way forward in mobility'에서 따온 것으로 미래 이동 수단의 새로운 길을 제시하겠다는 구글의 의지를 담았다. 웨이모는 자율주행에 필요한 모든 하드웨어를 자체 생산하고 있다. 그렇다고 직접 자동차를 제조하는 것은 아니다. 자동차 제조사와 제휴를 통해 자율주행 플랫폼을 공급할 예정이다. 2017년에는 운전석에 아무도 타지 않은 채 미국 피닉스 지역을 달리는 택시를 공개했다.

APTIV

자동차 부품 제조업체인 델파이Delphi에서 분사한 앱티브는 능동형 안전장치, 자율주행, 사용자 경험, 연결 서비스의 상용화에 초점을 맞춰 소프트웨어, 컴퓨팅 플랫폼, 네트워킹 아키텍처를 제공한다. 지난 CES 2018(세계 최대의 정보기술 전시회Consumer Technology Association에서 자동차 공유 서비스 업체인 리프트Lyft와 협력해 완전 자율주행 택시 서비스를 제공하기도 했다. 앱티브 자율주행차는 자율주행 레벨 4단계에 해당하며, CES가 열리는 기간 중에 비가 오는 날에도 유일하게 운행했다. 다른 자율주행차는 물방울이 레이저를 산란시켜 레이다가 오류를 일으킬 수도 있다는 이유로 운행하지 않았다.

QUALCOMM

세계 최고의 스마트폰 전용 칩 공급 회사다. 2016년에 자동차 및 애플페이용 근거리 통신 칩으로 유명한 네덜란드 반도체 회사 NXP를 인수하면서 사물인터넷과 자율주행차 시장으로 사업 영역을 확대했다. 퀄컴은 NXP 인수를 통해 그들이 소유하고 있던 사물인터넷 관련 장치에 들어가는 센서, 통신, 컴퓨팅 기술을 보유하는 것은 물론 자율주행차, 모바일 결제기기, 무인 항공기 및 기가 장치에 들어가는 칩 기술력까지 갖추게 됐다. 최근 싱가포르 반도체 기업인 브로드컴BROADCOM이 퀄컴을 인수하려고 했지만 국가 안보를 이유로 트럼프 미국 대통령이 제동을 건 일도 발생했다.

NUTONOMY

자율주행 관련 소프트웨어 개발 회사로 2013년까지 MIT 연구소에 소속된 프로젝트팀에 불과했지만, 이후 독립해 자율주행차 기술을 개발해왔다. 세계 최초로 회사가 자체적으로 선정한 10여 명을 대상으로 자율주행 택시를 시험 운행했다. 현재는 델파이에 인수됐다.

BOSCH

우리에게는 전기 공구로 유명한 보쉬는 정밀기계 및 자동차 부품 제조업체로 시작하여 종합적인 기계 제조업체로 발돋움했다. 현재 자율주행 시장에 뛰어들어 자율주행의 각 단계별로 필요한 제품과 기능들을 연구하고 있다. 2018년 미국의 칩 제조업체인 엔비디아NVIDIA, 자동차 제조업체인 메르세데스 벤츠Mercedes Benz와 다임러Daimler AG와 '로보 택시' 자율주행차 개발을 위해 파트너십을 체결했다.

AURORA INNOVATION

오로라는 자율주행 분야 소프트웨어 솔루션 개발, 각종 센서 및 컨트롤러, 클라우드 시스템과 연결돼 정보를 공유하는 백엔드Back-End 솔루션 등에서 세계적인 기술력을 인정받고 있다. 현대자동차그룹과 2021년까지 스마트 시티에서 자율주행 레벨 4단계 수준의 도심형 자율주행 시스템을 상용화하기 위해 손잡았다.

ARGO AI

아르고 AI는 자율주행을 위한 컴퓨터 과학, 로봇공학, 인공지능 기술을 개발하고 있으며, 포드의 자회사이다. 아르고 AI는 포드 내에서 자율주행 기술, 특수 목적을 위한 자율주행차를 연구 중이다.

CRUISE AUTOMATION

크루즈 오토메이션은 자율주행차로는 처음으로 교통사고를 낸 기록을 갖고 있다. 쉐보레 볼트 EV를 기반으로 한 자율주행차 '크루즈 AV'를 개발했다. 크루즈 AV에는 운전대와 브레이크 페달, 가속페달 등이 사라지고 시트, 도어, 디스플레이와 위급 상황에서만 차를 세울 수 있는 비상 정지 버튼만 있다.

LYFT

미국 자동차 공유 서비스 업체다. 처음엔 자동차 공유가 아닌 페이스북을 이용한 합승 서비스 '짐라이드'를 운영했다. 페이스북에 운전자 위치와 목적지, 시간을 올리면 차를 타려는 사람들이 댓글을 다는 방식이다. 짐라이드를 발전시켜 2012년 리프트를 탄생시켰다. 리프트는 그동안 포드, GM, 웨이모, 재규어 랜드로버 등과 협력해 빅데이터를 수집하거나 공동으로 자율주행 기술들을 개발해왔다. 구글이 리프트에 10억 달러를 투자하면서 다양한 자율주행 서비스를 연구하고 있다.*

인공지능을 이용한 자율주행 시스템이나 필요한 부품을 만드는 곳은 매우 많다. 아마도 머지않아 운전자없이 스스로 운전하고 주차하는 자율주행의 꿈은 이루어질 것으로 기대된다.

* www.imagazinelcorea.com

10

인공지능 플랫폼은 어떤 것들이 있는지 알아보자

인공지능 플랫폼하면 구글, 아마존, IBM, Micrisoft사를 거론하지 않을 수 없다. 이 같은 글로벌 IT기업들은 클라우드 컴퓨팅Cloud Computing(11. 클라우드 컴퓨팅 기술은 어떤 것들이 있는가?)을 기반으로 인지서비스와 머신러닝 서비스를 제공하는 플랫폼을 구축하고, 오픈소스를 적극적으로 활용하여 지능형 서비스나 IoT 제품에 쉽게 활용할 수 있도록 기반을 마련하는 중이다.

구글Google은 클라우드 플랫폼을 영상과 음성 인식, 번역, 자연어 처리 등을 위해 머신러닝 엔진과 인공신경망 기반 인지 서비스를 클라우드 서비스 형태로 제공하고 있다. 구글의 플랫폼은 개발자가 직접 입력한 데이터로 머신러닝 모델을 개발하는 것이 가능하고, 또한 구글이 축적한 데이터를 통해 미리 학습시킨 모델을 사용하여 서비스를 개발할 수도 있다.

또한 자사의 클라우드 플랫폼과 관련하여 '인프라 확대', '머신러닝' 등의 비전과 함께 클라우드 서비스용 데이터센터(리전Region : 다양한 서비스를 제공하기 위해 복수의 데이터센터가 위치한 지역을 의미)을 현재 4개에서 2017년 말까지 8개 이상의 리전을 추가할 계획이다. 그리고 머신러닝 기술을 활용한 API 서비스인 클라우드 네추럴 랭귀지Cloud Natural Language와 클라우드 스피치Cloud Speech를 개발하였으며, 이는 인간 언어를 이해하는 클라우드 서비스로 인간의 문장 구조를 분석하고 의미를 파악하고 분석해 음성을 문서로 바꿀 수 있는 서비스이다. 다양한 서비스를 탑재한 클라우드 플랫폼으로 성장중이다.

IBM의 인공지능 왓슨Watson은 음성 및 이미지 인식, 자연어 처리, 번역, 문맥 분석, 데이터 분석 용도의 API를 제공하는 IBM 왓슨 개발자 클라우드 Watson Developer Cloud, 블루믹스Bluemix를 제공한다. 이와 함께 왓슨 애널리틱스Watson Analytics라는 자연어 기반의 인지 컴퓨팅을 지원하는 비즈니스 클라우드 머신러닝 서비스도 제공하고 있다. 왓슨 애널리틱스는 데이터 분석에 특화된 기술로, 자연어 기반으로 원하는 걸 묻고 분석 결과를 얻을 수 있는 서비스이다. 최근 IBM의 왓슨은 대표적인 인공지능으로 각광받으며, 다양한 사물과 서비스에 탑재되고 있다.

또한 의료와 금융 분야에서 사물인터넷IoT와 에너지 산업으로 확대 중이다. IBM의 클라우드 기반 IoT 플랫폼과 연계해 세계 각지 도시에 에스컬레이터, 출입문, 회전문 수백만 대를 모니터링하고 최적화해 운영하는데 활용할 계획도 가지고 있다. 그리고 IBM의 자연어처리 기술과 컴퓨팅 플랫폼을 응용한 왓슨과 각 산업용 데이터 분석 솔루션을 연계한 사업 전략은 지속 확장할 계획이다. 특히 인공지능과 사물인터넷을 결합한 '왓슨 IoT 플랫폼'의 강화에 초점을 맞추고 분산형 저장·인증으로 보안성을 높여주는 블록체인 기술에 대한 역량을 높여 IoT 보안 솔루션에 대한 완성도를 강화할 계획이다.

Microsoft는 영상 및 음성인식, 언어 이해, 검색, 지식 서비스 등의 인지 서비스를 제공하고 있는 클라우드 플랫폼인 애저Azure 서비스를 제공하고 있다. 또한 애저 머신러닝 스튜디오Azure Machine Learning Studio를 통해 사용자의 데이터를 이용하여 머신러닝 모델이 스스로 학습하도록 하고, REST 인터페이스를 통해 결과 모델을 API로 재공유할 수도 있다.

애저의 특징은 '머신러닝' 기계학습 플랫폼이 결합되었으며, 사용자는 별도의 소프트웨어를 설치하도 않아도 클라우드 기반에서 오픈소스 R이나 MS 데이터 분석도구를 함께 이용할 수 있다. 또한, '애저Azure' 기반 자율주행 자동차 플랫폼을 개발하여, 자율주행기술 탑재뿐만 아니라 클라우드 플랫폼을 활용해 차량 모니터링, 유지 보수 예측, 모바일 기기와의 연결이 가능하도록 구축할 계획이다.

Amazon은 사물인터넷을 위한 클라우드 플랫폼을 개발하고, 서버 인프라를 온라인으로 이용할 수 있는 IaasInfrastructure as a Service인 AWSAmazon Web Service을 구축하고 운영 중에 있다. AWS는 10년 동안 전 세계적으로 가장 포괄적으로 널리 도입된 클라우드 플랫폼으로 한국을 비롯해 13개의 지역Region과 35개의 가용 영역Availability Zone을 통해 컴퓨팅, 사물인터넷 등 70여 종의 서비스를 제공하고 있다. 클라우드 사업을 시작한 이래 서비스형 인프라IaaS 강자로 자리매김했고, 지금은 플랫폼PaaS, 소프트웨어SaaS 플랫

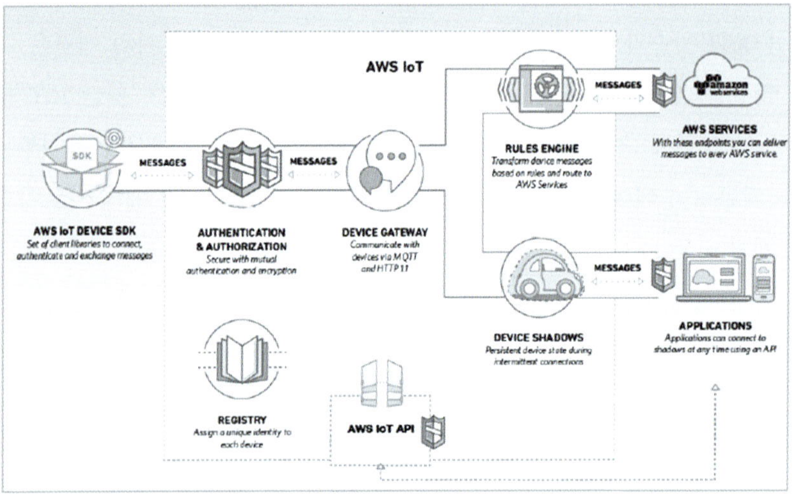

Amazon의 IoT를 위한 클라우드 구조, 아마존 AWS 홈페이지

폼 영역까지 확대 중이다. 또한 AWS IoT의 공식 런칭을 발표함으로써 클라우드 상에서 커넥티드 디바이스 간의 연결을 보다 쉽고 안전하게 지원할 수 있게 되었다.

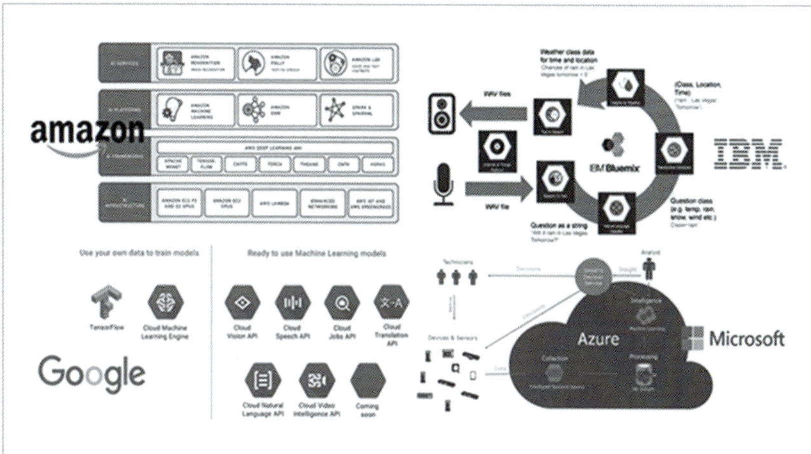

[사진 : 아마존 AWS, IBM 블루믹스, 구글 클라우드, MS 애저 홈페이지]

이제부터는 인공지능을 활용하여 솔루션을 개발하고 있는 기업에 대해 알아보자.

AIBrain은 스마트 폰 및 로봇 어플리케이션을 위한 AI 솔루션을 구축하는 인공 지능 회사이며 AICoRE(AI 에이전트), iRSP(지능형 로봇 소프트웨어 플랫폼), Futurable (모든 캐릭터가 완전히 자율적인 AI인 미래의 시뮬레이션 AI 게임) 등 3개의 제품을 가지고 있다. 인간이 문제를 푸는 능력과 자율학습 능력, 메모리에 저장하는 기능을 연구하여 인공지능

AIBRAIN, INC
THE INTELLIGENT COMPANY

에 접목하는 기능을 개발하고 있다.

CognitiveScale은 건강관리, 보험, 금융 서비스 및 디지털 상거래 산업을 위한 고객 서비스 AI 애플리케이션을 개발한다. 이 회사의 제품은 기업이 엔터프라이즈급 AI 시스템을 설계, 개발, 제공 및 관리할 수 있도록 지원한다. 또한 AI 마켓 플레이스, 비즈니스 전문가, 연구원, 데이터 과학자 및 개발자가 문제를 해결할 수 있는 온라인 AI 공동 작업 시스템을 갖추고 있다.

CloudMinds는 베이징에 본사를 둔 로봇기업이다. 로봇용 HARIHuman Augmented Robotics Intelligence 플랫폼을 개발한다. 최근 세계적으로 코로나19로 인한 어려움을 겪고 있는 가운데, 의료진을 감염위험에서 해방하고 바이러스 확산 가능성을 막기 위해 청소 및 소독 역할을 하는 로봇을 중국 우한시에 지원하기도 했다. 이 로봇은 적외선 온도 측정을 할 수 있어 사람들의 온도를 확인, 열 증상이 판단되면 의료진에게 경고를 전달할 수도 있다. 또한 직접 대면없이 환자에게 음식, 의료, 의약품 등을 전달할 수 있다.

Siemens는 디지털전환, 인공지능, 5세대 이동통신 등 제조업 패러다임의 변화를 이끌고 있는 신기술의 중심에 있다. 또한 점점 확대되는 엣지컴퓨팅Edge Computing과 예측불가능한 부분에 대한 자동화시스템, 로보틱스 분야에 인공지능을 접목시키고 있다. 대량의 데이터 처리 능력과 즉각적인 반응의 정도에 따라 고객이 알맞게 골라서 적용할 수 있도록 스마트팩토리Smart Factory 자동화분야에서 지속적인 연구개발을 진행하고 있다.

중국은 바이두, 알리바바, 텐센트 등 빅3사가 인공지능 혁명을 주도하고 있다. 앞서 소개한 바이두는 오픈소스 자율주행 프로젝트인 아폴로개발을 진행중에 있으며, 알리바바는 인공지능을 사용해 고객서비스 채팅로봇을 만들어 추천하는 등 인공지능에 대한 투자를 계속하고 있다. 텐센트는 중국 내 가장 큰 소셜 미디어 회사 중 하나이며, 최근 자연 언어 처리, 뉴스 수집기 및 얼굴 인식을 포함하여 생태계 전반에 걸쳐 정보를 처리할 수 있는 도구를 개발하고 있다. 요즘에는 인공지능 헬스케어 애플리케이션에 집중하는 등 의료분야 인공지능 연구에 투자하고 있다.

SK AIBRIL은 IBM Watson에 기반한 인공지능 플랫폼이다. 객체인식, 얼굴인식, 자연어이해, 성향분석, 음성인식 등 IBM Watson의 api를 기반으로 지도학습에 강점을 가지고 있으며, 개발 단계에서부터 한국어를 학습했기에 한국에 출시된 인공지능플랫폼 중 한글지원이 가장 강력한 플랫폼이다.

그 밖에 인공지능을 포함하여 빅데이터와 IoT를 처리하는 클라우드 서비스 플랫폼은 어떤 것들이 있나 알아보도록 하자, 이러한 클라우드 서비스 플랫폼도 인공지능을 적용하여 보다 활용성이 높고 신뢰성이 높은 제품을 개발하고 있다.

2014년에 유럽연합의 미래 인터넷을 위한 공공-민간 파트너십PPP, Public-Private Partnership의 일환으로, 스타트업 유럽 이니셔티브Startup Europe Initiative를 통해 유럽에서 기업가 양성을 위해 기존의 상업 인터넷 플랫폼을 대체하는 공개 개발 플랫폼 FIWARE를 개발하고 서비스를 시작하였다. 이는 인터넷 어플리케이션의 개발과 구축을 보다 용이하게 도와주고, API스펙을 공개하여 사용료를 지불하지 않고 누구나 자유롭게 사용이 가능하다.

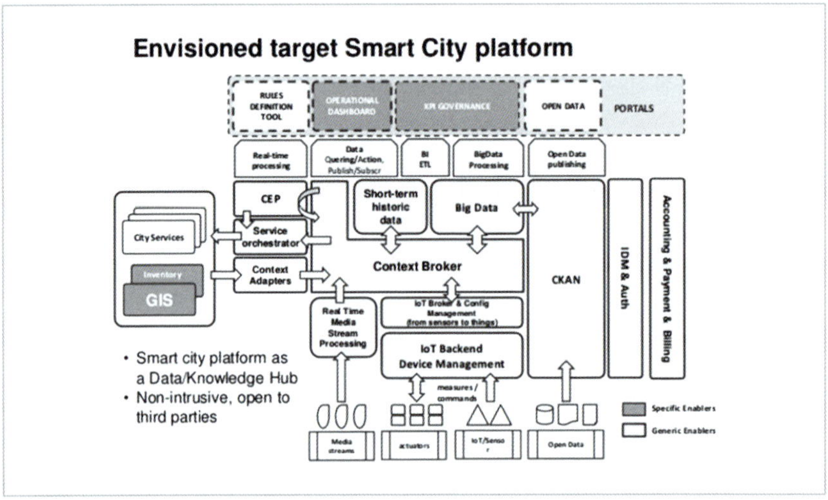

FIWARE 스마트시티 플랫폼 아키텍처, 홈페이지

FIWARE는 오픈스택 기반 클라우드의 역량과 함께 다양한 스마트 애플리케이션을 위한 API 라이브러리를 제공하고 있으며 GE[Generic Enablers]와 DSE[Domain Specific Enablers] API를 통해 최소한의 시간과 비용으로 다양한 기능 및 서비스 플랫폼을 완성할 수 있다.

독일의 **보쉬**[Bosch]는 웹서비스를 위한 자체 클라우드인 Bosch IoT Cloud를 개발하여 서비스를 하고 있다. 소프트웨어인 IoT 스위트는 웹 기반의 모든 기기를 인식하고 데이터 교환을 관리하며 다수의 서비스 및 비즈니스 모델을 실현 가능토록 한다. 기기의 마모 현황에 대한 보고 시기나 기기 서비스를 위한 사전 조치 등 자동화된 결정을 위한 규칙을 저장할 수 있고 현재 5백 만 대 이상의 기기 및 기계들을 연결할 수 있으며 서비스가 가능하다.

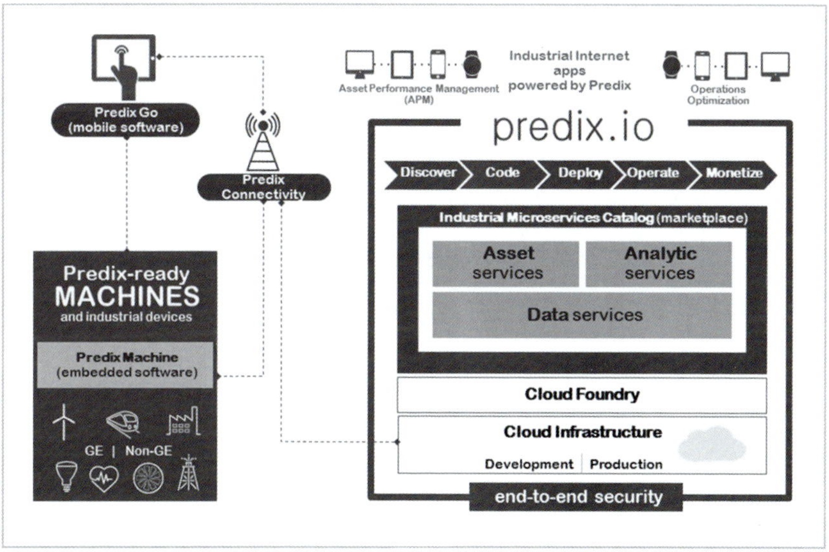

Predix Industrial Cloud Platform – Architecture, GE 홈페이지

제너널일렉트릭GE General Electric Company사는 2011년 프리딕스Predix라는 산업인터넷 플랫폼을 개발하여, 자사의 1조 개의 자산관리에 부착된 1천만 개가 넘는 센서에서 발생하는 대용량 데이터를 분산 저장하여, 수집, 분석, 모니터링을 하고 있다. 특정 산업분야가 아닌 우주/항공, 의료, 발전, 풍력 등 전 산업계에 적용되고 있으며, GE는 프리딕스를 클라우드 방식으로 외부에 공개하여 안드로이드나 IOS와 같이 산업용 IT 표준 플랫폼으로 만들려는 계획을 가지고 있다.

인텔Intel은 IoT와 관련하여 디바이스 및 클라우드 관리 모듈인 Wind River Edge Management System과 단말기 컴퓨팅과 클라우드 분석의 결합을 가능하게 하는 Intel Galileo, 그리고, Intel Edison 모듈, Intel IoT Gateway 개발 키트 시리즈 등의 솔루션을 개발하고 서비스하고 있다. 인텔 자사 제품군을 기반으로 하는 IoT 아키텍처에 타사 솔루션과의 연동을 지원하여 클라우드를 통한 데이터 분석 및 통찰력을 제공하는 것이 목표이다.

Cisco는 GE가 애플리케이션/서비스 계층에 해당하는 IoT 플랫폼, Intel이 사물, 게이트웨이/네트워크 인프라, 애플리케이션/서비스 전 계층을 아우르는 IoT 플랫폼을 제공한다면 Cisco는 게이트웨이/네트워크 인프라를 제공하는 IoT 플랫폼을 제공한다. Cisco가 제공하는 IoT 플랫폼은 방대한 양의 데이터를 먼 곳에 있는 대용량 서버에 저장하지 않고, 데이터 발생 지점 근처에서 처리하는 포그 컴퓨팅Fog Computing 기술을 기반으로 하고 있다.

이제까지 인공지능을 활용해 연구하거나 제품을 생산하여 4차산업혁명을 이루고 있는 기업에 대해 간단히 살펴 보았다. 앞으로의 미래는 원유가 아닌 데이터를 채굴하거나 가공하거나 공급하는 사람들이 돈을 버는 세상이라고 한양대 과학기술정책학과 김창경교수가 EBS강의에서 역설한 적이 있다. 그 내용을 인용하여 정리해 보았다.

테슬라나 공유자동차서비스 기업이 왜 데이터기업으로 탈바꿈하려고 할까? 이는 인공지능을 클라우드 플랫폼에 연결해 고객에 대한 방대한 데이터를 장악할 수 있기 때문이다. 세계적인 플랫폼을 소유한 기업Platformers은 미국의 "FANGfacebook Amazon Netflex Google" 그리고 중국의 "BATBaidu Alibaba Tencent"라 할 수 있다. 이러한 기업은 가만히 있어도 데이터가 쏟아져 들어온다. 이들을 이용하는 이용자가 데이터 제공자들이기 때문이다. 미래에는 데이터가 곧 돈이고 권력이라 한다. John Naisbitt는 데이터는 지속적인 재생이 가능하고 고갈되지 않으며 스스로 증폭하는 새로운 자원이라 한다. 인공지능이든 머신러닝이든 그 원천은 데이터에서 나온다. 이제는 숫자가 아닌 실생활에서 접할 수 있는 모든 것 즉, 음성, 사진들이 데이터이다. 데이터만 있으면 인공지능을 탑재한 기계가 스스로 지속적인 학습을 통해 성장한다. 데이터를 확보하기 위한 플랫폼을 빅데이터라 하며, 이러한 데이터를 처리하기 위한 플랫폼이 인공지능 플랫폼이다. 이제 기업이나 실생활에서 플랫폼만 이용하면 찾고자 하는 정보를 쉽게 해결할 수 있다.

CES 2017(라스베이거스 가전박람회)에서 NVIDIA CEO 젠슨 황Jensen Huang은 원래 게임에 필요한 그래픽프로세서GPU를 판매하던 기업에서 자율주행자동차 반도체를 공개하며 인공지능 기술과 관련된 기업으로 확장했다고 기조연설에서 언급했다. 또한 지금은 소프트웨어가 세계를 먹어 치우고 있지만 곧 인공지능이 소프트웨어를 먹어치울 것이다라고 인공지능의 대단한 발전을 예견하기도 했다. 이러한 발전으로 위협받는 직종이 등장할 것이다. 우리 모두가 부러워하는 직종들이다. 의사, 변호사, 회계사, 변리사 등이다. 법률 판례 분석 소프트웨어(eDiscovery; 법적 증거로 사용할 목적으로 수집된 모든 데이터)를 이용하면 한 변호사가 500명의 변호사일을 할 수 있다고 한다. 또한 인공지능으로 각종 병에 관련된 대량의 데이터를 관리하고, 학습하여 의사들의 보조수단으로 활용할 수 있다. 이미 논리적인 영역과 빅데이터의 분석에서는 이미 인공지능이 우위를 점하고 있다.

4차 산업혁명은 흔히 기계와 기계의 연결, 기계와 인간 연결되어 사람과 기계 그리고 사이버 세상이 합체된 세상을 가져올 것이다. 세계적 기업의 핵심역량은 바로 연결에서 올 것이다. Facebook의 이용자수는 17억 7천만 명이나 되며, 매출액은 31조를 넘는다. 인프라가 없는 에어비엔비는 수십 조의 기업가치로 떠올랐다. 아마존의 알렉사를 탑재한 에코는 이미 우리 주변에 있다. 눈만 뜨면 세상이 바뀌고 있다. 중국은 인공지능분야에서 무섭게 치고 나가고 있다. 우리나라의 현실은 어떤가? 2017년 연합뉴스에서 아주대 연구자 분석자료에 의하면 딥러닝Deep Learning 기술관련 논문이 이전에는 한편도 없다가 15년 10편, 26년 11편 등 이제 걸음마 단계라 한다. 외국은 벌써 이 분야에서 교육 플랫폼을 마련하여 자유로이 활용할 수 있도록 제공하고 있다. 이러한 인공지능의 발전을 위해서는 인공지능을 작동시키는 데이터가 중요하다. 우리나라는 빅데이터 기술수준이 낮기 때문에 효과적으로 인공지능을 발전시킬 수 없다. 그러나 응용SW 기술수준은 낮지 않은 편이다. 이를 인공지능 및 빅데이터와 효과적으로 연계된다면 지금보다 더 빠르게 성장할 수 있을 것이다.

11

클라우드 컴퓨팅(Cloud Computing) 기술은 어떤 것들이 있는지 알아보자

인공지능 플랫폼을 구축하기 위해서는 이를 활용할 수 있는 클라우드 컴퓨팅 서비스Cloud Computing Service가 필수적이다. 보다 편리한 서비스를 통해 더 많은 고객과 더 많은 데이터를 확보하여 자사의 플랫폼을 더욱 진화시킬 수 있다. 클라우드 컴퓨팅은 어떤 것들이 있는지 알아보자.*

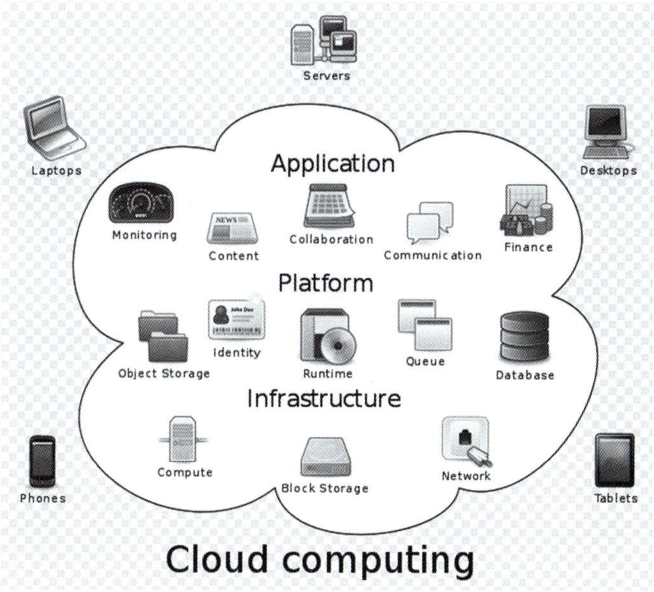

Cloud Computing, Wikimedia Commons JPG

* 클라우드 컴퓨팅(Cloud Computing)에 대한 이야기, SD아카데미

클라우드 컴퓨팅은 인터넷을 기반으로 하는 서비스의 일종으로 자신의 컴퓨터가 아닌 인터넷에 연결된 컴퓨터로 처리할 수 있는 기술을 뜻한다. 더 쉽게 말하자면 요즘 코로나19로 인해 재택근무를 많이 하고 있다. 재택근무 시 회사 컴퓨터를 쓰지 않고 집에서 인터넷을 통해 회사의 컴퓨터를 연결해 사용하는 것을 뜻하는 것이다. 클라우드Cloud라는 명칭의 의미는 컴퓨터 통신망이 구름과 같은 것에 쌓여져 있어 안이 보이지 않지만, 일반 사용자는 이 복잡한 내부를 알지 않고도 원하는 작업을 할 수 있다는 것이다. 대부분의 처리작업은 클라우드 내에 있는 컴퓨터로 처리되고, 사용자의 컴퓨터는 클라우드에 접속하여 정보를 입력하거나 수정하는 등의 단말기 역할만 수행하는 것이다. 모든 데이터와 연산자원은 클라우드 내에서만 존재하며, 이러한 처리와 관리를 위해 여러 가지 서비스 기술이 투입된다.

이러한 서비스기술은 뒤에서 설명하기로 한다. 클라우드 컴퓨팅의 특징은 저렴한 비용, 뛰어난 속도와 확장성, 생산성, 효율성, 안전성 등을 들 수 있다. 클라우드 컴퓨팅을 사용하면 하드웨어 및 소프트웨어를 구입하여 셋팅하는 자체가 없어지므로 그에 대한 비용이 절감되며, 클라우드 내에서 한번 설치하면 여러 사람이 공유할 수 있어 그에 대한 비용도 절감된다. 또한 컴퓨팅 파워, 데이터베이스, 애플리케이션 등 다양한 리소스Resource를 필요에 따라 인터넷을 통해 제공받고, 사용 후 되돌려주기 때문에 많은 비용을 사전에 투자할 필요가 없어지고, 통합관리에 대한 유지보수의 비용과 시간을 절약할 수 있어 요즘 거의 모든 플랫폼에 적용하고 있다.

대표적인 클라우드 컴퓨팅(서비스)의 종류로는 SaaS, PaaS, LaaS 기술이 있다.

SaaS(Software as a Service)

소프트웨어를 서비스하는 클라우드 기술이다. 어떠한 프로그램의 설치없이 인터넷 환경에서 다양한 소프트웨어를 맘대로 사용할 수 있도록 하는 서비스이며, 보통의 컴퓨터 사용 시에 하는 문서작업, 저장된 사진 및 동영상의 활용, 기타 프로그램 실행이다. 즉 SaaS는 클라우드 환경에서 제공하는 소프트웨어를 구입하지 않고 사용할 수 있는 서비스이다. 대표적인 서비스로는 네이버 클라우드, 드롭박스의 파일공유 서비스, 구글 독스, MS오피스 365의 문서도구 서비스 등이 있다.

PaaS(Platform as a Service)

개발 플랫폼을 서비스하는 클라우드 기술이다. 개발자는 PaaS에서 제공하는 서비스를 선택하여 애플리케이션을 개발할 수 있으며, 개발에 필요한 요소들(SDK, OpenAPI)을 쉽게 사용할 수 있다. 이 서비스의 장점은 사용한 만큼 비용을 지불하기 때문에 저비용으로 개발서비스를 제공받을 수 있으나, 한번 제공된 플랫폼을 기반으로 개발을 한다면 해당 플랫폼에 종속될 수밖에 없다. 따라서 어떤 플랫폼을 사용하느냐에 따라 미래의 유지보수비용, 개발된 프로그램의 확장성 등이 결정되므로 신중할 필요가 있다. 대표적인 서비스로는 MS의 AZURE, Google의 App Engine, Apple의 itunes의 Salesforce의 Force.com 등이 있다.

IaaS(Infrastructure as a Service)

인프라 자원을 클라우드상에서 제공하는 서비스이다. 클라우드에서 네트워크, 서버, 스토리지(DB) 등 자원을 빌려서 쓰는 개념이다. 이는 물리적으로 서버를 구축하지 않아도 클라우드 상에서 제공받을 수 있어 비용부분에서 많은 이점이 존재한다. 하지만 앞서 설명드린대로 어떤 서비스를 이용하느냐에 따라 향후 플랫폼의 유지보수 및 특징이 결정되므로 신중히 선택해야 한다. 대표적인 서비스로는 IBM의 Softlayer, KT의 UCoud biz, MS의 Azure, Amazon의 AWS 등이 있다.

한전에서는 이러한 클라우드 서비스를 제공하는 자체 플랫폼을 개발하여 현재 초기 운영단계에 있으며, Chapter 4. 한국전력의 인공지능 이야기에서 소개할 것이다.

12
인공지능 개발 언어는 어떤 것들이 있는지 알아보자

다음 Chapter의 인공지능 개발사례를 살펴보기 전에 먼저 인공지능 개발 언어에 대해 간단히 알아보자. 현재 인공지능은 컴퓨터 사이언스에서 가장 높은 전문성을 요구하고 있으며, 거의 모든 분야에 반영하고 있는 기술분야 중 하나이다. 최근 인공지능 개발분야가 빠르게 성장하고 있는데, 그 배경에는 빅데이터, 클라우드 컴퓨팅, 플랫폼 등의 인프라가 지속 발전하고 있기 때문이다. 또한 인공지능을 쉽게 구현할 수 있는 프로그래밍 언어가 계속 나오고 있으며, 발전해 가고 있기 때문이다. 그럼 인공지능을 구현하기 위해서는 어떠한 프로그램을 사용해야 할까? 테크전문지 'Rankred'에 따르면 AI 개발에 가장 적합한 프로그램 언어를 소개했으며, 여기서 간단하게 다루기로 한다.* 사용법 등 자세한 사항은 관련된 전문서적을 참고하기 바란다.

Python(파이썬)

파이썬은 단순성 때문에 모든 AI개발 언어 중에 1위로 꼽히고 있다 한다. 파이썬의 구문은 매우 간단하고 배우기가 쉬워 다양한 AI알고리즘을 구현할 수 있다. 또한 파이썬은 C 언어를 기반으로 한 오픈소스 고급 프로그램

* http://gongdaenam.tistory.com/77 인공지능(AI) 개발언어

밍 언어로 초보자뿐만 아니라 전문가들까지 매우 다양한 사용자층이 이용 중이다. 더욱 더 중요한 것은 여러 운영체제에서 동작하여 모든 것을 조작할 수 있고, 그 과정이 대체로 일관성있고 상대적으로 수월하여 널리 보급되고 있다. 또한 데이터 분석에 사용되던 기존의 C/C++ 라이브러리를 흡수해 활용 효과가 크게 발생한 것도 많이 사용하는 이유중에 하나이다.

〈Python, 출처 : python〉

파이썬으로 웹서버 개발을 할 수도 있고, 데스크톱 응용프로그램을 만들 수도 있고, 운영체제의 파일시스템 작업을 자동으로 할 수도 있고, 네트워크 해킹을 할 수도 있다. 또한 파이썬은 관계형 데이터베이스 접근이 용이하고 몽고DB Mongo DB와 같은 NoSQL 솔루션에도 활용할 수 있다. 그러나 어느 정도 관계형 데이터베이스에 대한 지식이 있어야 데이터를 효과적으로 활용할 수 있기 때문에 데이터베이스시스템을 이해한다면 더욱 활용이 쉬울 것이다.

파이썬은 프로그래머가 바로 사용할 수 있는 라이브러리 Library와 통합 개발 환경 IDE Integrated Development Environment를 제공한다. 파이썬의 대표적인 라이브러리는 Numpy와 Pandas, Pybrain이 있다. Numpy는 대형, 다차원 배열, 행렬 등 배열에서 작동할 수 있는 높은 수준의 수학함수 모음을 제공한다. 따라서 복잡하고 과학적인 계산에 많이 사용한다. Pandas는 관계형 또는 레이블이 있는 실제 데이터를 쉽고 직관적으로 처리할 수 있게 한다. 또한 Pybrain은 머신러닝에 최적화되어 있다.*

LISP(List Processor; 리스프)

Lisp는 AI 프로그램 언어 중 가장 오래되고, 가장 대중적인 AI 개발 언어 중 하나이다. 1958년에 존 매카시John McCarthy에 의해 개발된 프로그래밍언어로 리스트처리, 기호처리를 위해 설계된 프로그램 언어 및 이들 언어처리 계통을 총칭한다. Lisp라는 말은 List Processor 또는 Processing의 약자이다. 리스트형식의 데이터 처리방법 즉, 물리적인 위치를 변경하지 않고 논리적인 순서가 변경되는 것처럼 결합하거나 리스트 자체를 데이터로 간주하고 처리하는 방식이다. LISP는 식의 전개, 인수분해를 비롯해 기호 그대로의 미분, 적분수식 처리가 가능하며 정리증명, 게임문제, 자연어처리 등 인공지능 문제의 처리와 고급언어의 개발에 적합한 프로그램이라고 알려져 있다.**

R Programming

〈R 출처 : IBM〉

R은 통계적 목적으로 데이터를 분석하고 조작하는 데 가장 효과적인 언어로 머신러닝에도 사용이 가능하여 요즘 파이썬과 더불어 가장 많이 사용하는 언

* SD아카데미, 빅데이터 분석도구 R과 파이썬(Python)

** Daum 매경시사용어사전, 전기전자공학 대사전

어이다. 범용 프로그래밍 언어로 머신러닝에서 활용되는 G모델, Class, TM, RODBC 등 AI 개발에 활용할 수 있는 다양한 패키지를 제공한다. 이러한 패키지를 통해 머신러닝 알고리즘의 개발과정을 단순화하고 쉽게 구현할 수 있게 한다. R은 워낙 유명한 프로그램이라 좀 더 설명해 보기로 한다.

특징을 간단하게 살펴보면, R은 통계계산과 그래픽을 위한 프로그래밍 언어이자 통계 패키지 개발을 가능하게 하여 통계 소프트웨어 개발에 많이 쓰이고 있다. 또한 데이터를 통계내고 해석하고 의사결정에 이용하기 위해서는 효율적인 통계용 언어가 필요한데 R이 이를 대신할 수 있다. R을 활용해서 데이터의 의미있는 패턴과 규칙을 발견하고, 대량의 데이터를 탐색하고 분석하는 과정의 데이터 마이닝Data Mining을 가능하게 한다.

또한 R에는 데이터 시각화Data Visualization를 가능하게 한다. 데이터 시각화는 정확한 의사결정을 위해서 주어진 데이터의 특성과 의미를 파악해 알기 쉽게 보여주는 기술이다. R은 구글 'Visualization Chart API'로 구글과 연동하여 데이터 분석과 시각화를 가능하게 하고 그 외에 스폿파이어Spotfire, QlikTech의 Qlik View 등 상업용 데이터 시각화 프로그램과의 연동도 가능하다.

Prolog

Prolog는 논리형 프로그래밍 언어로 효과적인 패턴매칭, 트리기반 데이터 구조화 및 자동 역추적 특징을 가지고 있어 굉장히 강력하고 유연한 프로그래밍 Framework를 제공한다고 한다. 또한 머신러닝에 사용하기 이상적인 언어로 의료프로젝트, 전문가 AI시스템 설계 등에 많이 활용되고 있다.

Java

인터넷 프로그래밍 언어로 잘 알려진 Java는 AI 개발에도 용이한 프로그래밍 언어 중 하나이다. 전 세계적으로 다양한 분야에서 사용되는 Java는 사용이 간편하고 디버깅프로그래밍에서 잘못된 부분을 찾아 고치는 것이 쉬우며, 패키지 서비스, 대규모 프로젝트와의 단순화된 작업, 데이터의 그래픽 표현 및 사용자 인터랙션User Interaction 등 다양한 이점을 제공한다. Java는 검색 알고리즘, 인공 신경망, 유전자 프로그래밍 등 다양한 분야에 사용된다.

〈Java 출처 : Oracle〉

C++

과거에 프로그래밍을 했던 독자가 가장 많이 들어본 언어일 것이다. C++은 다른 프로그래밍보다 속도가 빠르며, 하드웨어 수준에서 통신해 코드 실행 시간을 단축할 수 있어 응답시간에 민감한 인공지능을 구현하는 데 유용하게 쓰일 수 있다. 실제로 머신러닝

〈C++ 출처 : GettyImages〉

과 딥러닝 라이브러리의 상당부분이 C/C++로 작성되어 있으며, API를 제공하고 다른 프로그래밍 언어에서 참조할 수 있도록 래퍼Wrapper를 제공하고 있다. C++은 거의 모든 응용 프로그램에서 사용되어 지고 있다.

Julia

Julia는 특별한 분리 컴파일이 없이 고성능 퍼포먼스로 수치분석과 연산과학을 다루도록 설계되었다. 지디넷코리아 뉴스에서는 프로그래밍 언어 Julia가 파이썬보다 데이터를 읽는 속도를 최대 20배까지 높일 수 있다고 보도한 바 있고, 이미 많은 프로그래머가 알고 있는 언어이다. Julia는 MIT의 앨런 에델만Alan Edelman이 지도한 그룹에서 개발한 프로그래밍 언어이다.

〈Julia 출처 : House of Bots〉

간단한 구문으로 머신러닝, 데이터 마이닝, 대규모 선형대수, 분산 및 병렬 계산 등 복잡한 계산을 C언어 수준으로 빠르게 처리할 수 있는 장점을 가지고 있다. Julia에는 더 빠른 런타임 성능을 위해 자체 LLVMLow Level Virtual Machine 컴파일러 프레임워크를 사용해 JITJust-In-Time로 컴파일된다. 거의 C의 속도와 근접하다. 또한 파이썬과 비슷한 대화형 명령을 사용할 수 있도록 설계되어 있으며, 간단한 구문으로 프로그래밍할 수 있다. 그리고 파이썬, C, 포트란Fortran의 라이브러리 호출이 가능하며 데이터의 공유도 가능하다. 이러한 것이 가능한 이유는 R, LISP, 파이썬, C언어의 장점을 모아 개발했기 때문이라 한다.*

인공지능을 구현하기 위해서는 어떤 프로그래밍 언어를 사용해야 할까? 궁금하다. 가장 좋은 언어는 검증되어진 머신러닝 및 딥러닝 라이브러리가 많은 것이 좋을 듯하다. 또한 당연히 응답시간이나 런타임이 빨라야 하고, 성능이 보장되어야 하며, 활성화되어 있는 프로그래머 커뮤니티가 존재해 궁금한 사항이나 필요한 정보를 빠르게 얻을 수 있어야 한다. 위에서 언급한 프로그래밍 언어는 언제든 없어질 수 있고 새롭고 편리한 언어가 등장할 수도 있다. 또한 인공지능은 너무 광범위한 분야에서 활용되기 때문에 어떤 것이 좋고 나쁘다고 할 수 없다. 단지 추진하고자 하는 인공지능 프로젝트에 적합한 언어를 선택하는 것이 옳은 방향일 것이다.

* http://rk1993.tistory.com/190 파이썬보다 줄리아? 줄리아를 알아보자

CHAPTER 4

한국전력의 인공지능 이야기

이 장에서는 분야별 인공지능에 대해 알아보고, 자세하게 알고리즘을 소개하고자 한다. 그리고 한국전력에서 어떻게 적용하는지에 대한 간단한 사례를 살펴보고, 한전 데이터를 사용한 예제를 소개하고자 한다. 이 장에서는 개발환경과 데이터 준비단계, 모델 구현단계, 모델 인식단계, 결과 도출 등 실제 실습을 통해 어떤 결과가 도출되는지 기술하였다.

1 영상처리 분야

영상 처리란 넓게는 입출력이 영상인 모든 형태의 정보 처리를 의미하며 주로 사진이나 동영상을 처리하는 것이 대표적인 예이다.* 최근 컴퓨터 성능과 함께 딥러닝 기반의 인공지능 기술이 발전하면서 더욱더 다양한 산업에서 활용이 가능해졌다. 일상생활뿐만 아니라 보안, 의학, 군사, 공장 등 산업 현장에서 활용되며 그 영역은 이미지 분류, 객체 인식, 이미지 검색 등으로 확장해 가고 있다. 최근 이러한 문제를 해결하는데 기반이 되는 기술은 컨볼루션convolution 신경망이다. 컨볼루션convolution 신경망을 구성하는 계층들에 대해서 살펴보도록 하자.

* 위키피디아(전 세계 사람들이 공동으로 참여하는 웹 기반의 다언어 백과사전으로, 위키로 만들어져 있어 누구든지 편집을 할 수 있으며, 목적에 관계없이 사용이 자유로이 사용할 수 있음. 위키미디어 재단이 운영)

완전연결 계층(fully-connect layer)

인공신경망ANN, Artificial Neural Network은 기계학습과 인지과학에서 생물학의 신경망(동물의 중추신경계 중 특히 뇌)에서 영감을 얻은 학습 알고리즘이다. 인공신경망은 시냅스의 결합으로 네트워크를 형성한 인공 뉴런(노드)이 학습을 통해 시냅스의 결합 세기를 변화시켜, 문제 해결 능력을 가지는 모델 전반을 가리킨다.

인공신경망을 이루는 가장 기본 계층은 완전연결 계층이다. 완전연결 계층은 그림과 같이 앞의 계층의 노드와 모두 연결된 형태를 가지고 있다.

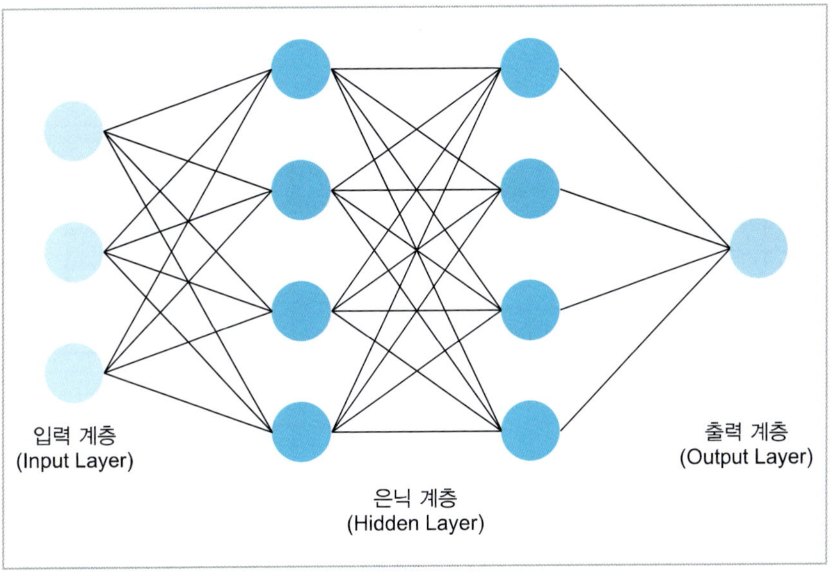

완전연결 계층

컨볼루션 계층(convolution layer)

입력이 영상인 경우 완전연결 계층으로 이루어진 인공신경망을 사용하게 되면 수많은 뉴런의 연결로 인해 연산량이 많아지며 오버피팅overfitting이 발생한다. 신경망 모델을 학습하기 위해 우리는 데이터가 필요하다. 보유하고 있는 데이터를 훈련데이터와 시험데이터로 나누어 훈련데이터를 사용하여 학습을 하고, 시험데이터를 사용하여 모델에 대한 평가를 하게 된다. 인공지능 모델의 목표는 학습에 사용하지 않은 데이터에 대해서도 잘 예측이 되는 모델을 구현하는 것이기 때문에 시험데이터에 대한 예측 성능을 가지고 모델을 평가하게 된다. 앞에서 말한 오버피팅이란 훈련데이터에 지나치게 학습되어 시험데이터에 대해 잘 예측하지 못하는 것을 말한다. 이를 해결하기 위해 필터를 이용한 컨볼루션 계층이 등장하였다. 컨볼루션

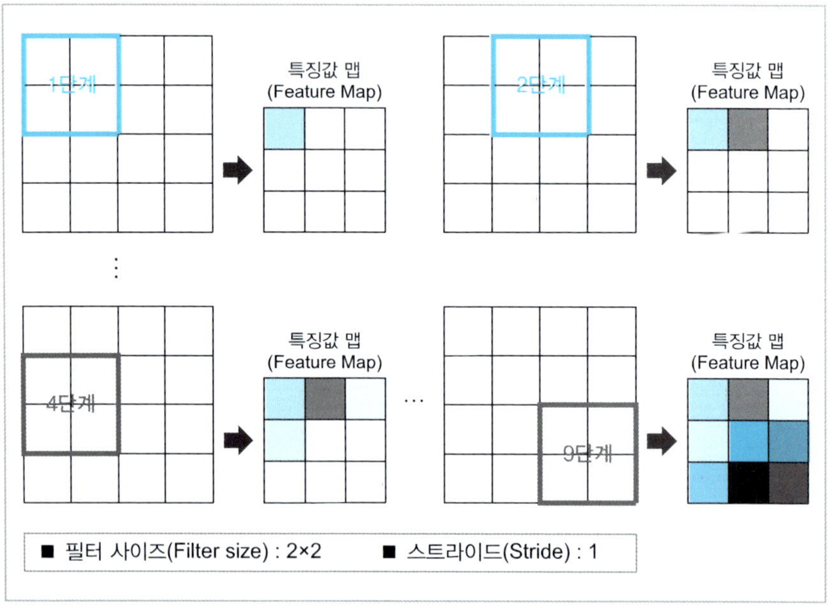

컨볼루션 계층

신경망의 주 계층인 컨볼루션 계층에서는 현재 노드에서 필터의 크기만큼의 주변 노드에 대해 연산하기 때문에 가중치weight의 수를 줄일 수 있으며 이미지의 패턴을 학습하는데 뛰어난 성능을 보인다. 컨볼루션 계층을 여러 개 쌓을수록 이미지의 다양한 패턴 발견이 가능하다.

풀링 계층(pooling layer)

풀링pooling 방법에는 최대 풀링max pooling과 평균 풀링average pooling이 있다. 컨볼루션 신경망에서는 주로 최대 풀링이 사용되며 보통 풀링이라고 하면 최대 풀링을 의미한다. 풀링 계층은 특징값에서 샘플링을 통해 크기를 줄여주는 기능을 한다. 필터 크기만큼의 해당하는 값들 중에서 최댓값(최대 풀링) 또는 평균값(평균 풀링)을 하여 샘플링하는 방식이다. 이러한 샘플링을 통해 다수의 컨볼루션 계층의 연결로 인해 발생할 수 있는 오버피팅 문제를 줄여줄 수 있다.

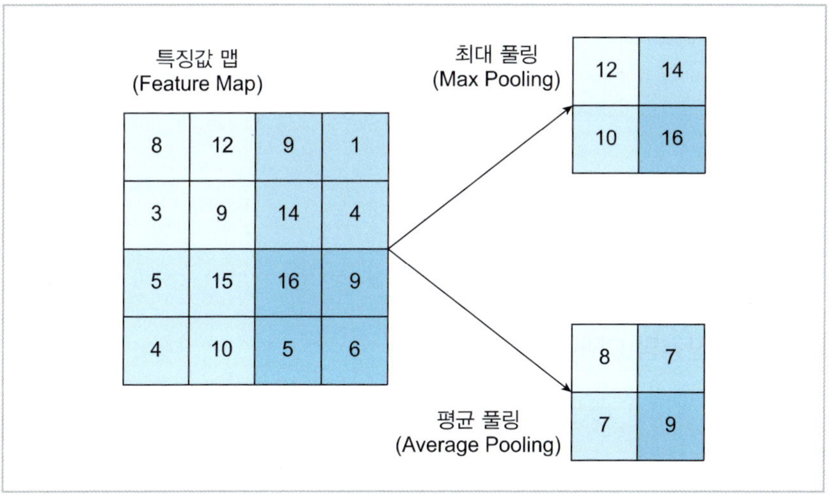

최대 풀링 개념

컨볼루션 신경망(convolutional neural network)

컨볼루션 계층과 완전연결 계층의 연결, 그리고 컨볼루션 계층 사이에 풀링 계층을 위치하여 기본적인 컨볼루션 신경망을 구성할 수 있다. 다수의 컨볼루션 계층의 연결로 이미지에서의 특징값을 추출할 수 있으며 추출된 특징값을 완전연결 레이어에 연결하여 이미지를 분류하기 위한 모델을 생성할 수 있다. 이미지 분류를 위한 컨볼루션 신경망의 마지막 계층은 완전연결 계층으로 클래스 개수만큼 크기를 지정해 주면 된다.

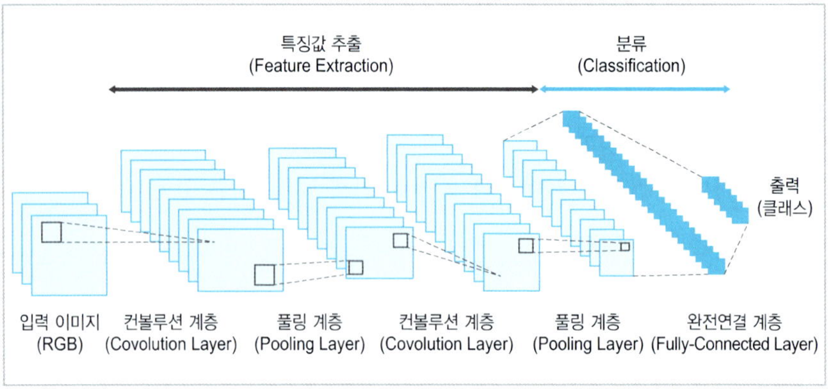

컨볼루션 신경망

이미지분류의 다양한 영상처리 알고리즘

컨볼루션 신경망(CNN) 주요 모델*

일반적으로 유명한 CNN 아키텍처로 AlexNet, VGG, GoogLeNet, ResNet

* 딥러닝 기반 객체 인식 기술 동향, ETRI

를 언급한다. 이 모델들은 ILSVRC ImageNet Large Scale Visual Recognition Challenge라는 이미지 분류대회에서 1등을 했던 모델들이다. 위에서 언급한 순서대로 개발되었으며, 점점 레이어가 깊어지면서 성능도 개선되었다. 물론 레이어가 많다고 성능이 좋아지는 것은 아니다. 이를 어떻게 잘 쌓느냐에 따라 성능이 결정된다.

CNN 모델은 전처리 과정을 최소화하면서 픽셀 이미지에서 직접 시각적 패턴을 인식하도록 설계된 특수한 종류의 다층 신경망이다. 최근에는 이미지 처리를 위해 미리 학습된 모델pre-trained model을 가져와 보유한 데이터를 사용하여 미세조정fine-tuning하는 방법이 많이 사용되고 있다. 이러한 방법을 전이학습transfer learning이라고 한다. 검증된 데이터를 가지고 학습한 모델이기 때문에 보유한 데이터만을 사용하여 학습하였을 때보다 뛰어난 성능을 보이며 학습에 걸리는 시간도 줄일 수 있다. 먼저 AlexNet 모델이다.

AlexNet

AlexNet는 ILSVRC ImageNet Large Scale Visual Recognition Challenge 이미지 분류 대회에서 압도적인 성능으로 1등을 하여 크게 주목을 받게 되었고, 그 이후 이 모델보다 더 좋은 결과를 내기 시작하였다. 이 모델은 이전과 크게 다르지는 않지만 높은 성능을 얻기 위해 GPU를 사용하였다. 이후 연구자들은 CNN 구조를 설계할 때, GPU를 사용하는 것이 대세가 되었다. 이 모델은 5개의 컨볼루션층과 3개의 완전연결층 등 8개의 층으로 구성되었다. AlexNet이 중요한 이유는 ImageNet이라는 대규모 데이터셋에 대해 학습해 최고의 성능을 낸 첫 번째 CNN 아키텍처이고 이 분야의 표준으로 자리잡을 수 있도록 선도적인 역할을 하였다.

입력층에서는 227×227 크기의 3개 이미지를 받으며, 전체 구조는 다음과 같다.*

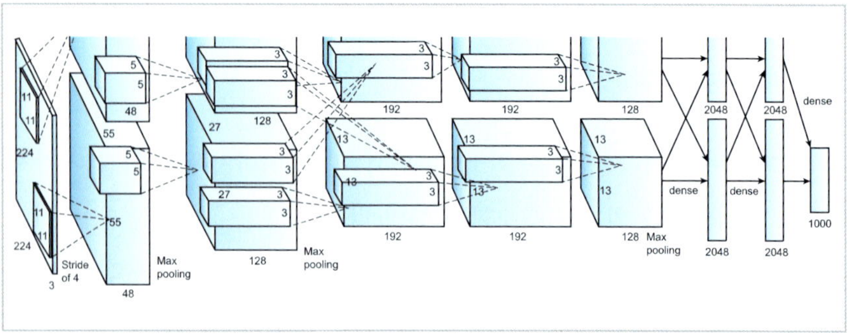

VGG(Very Deep Convolutional Networks for Large-Scale Image Recognition)**

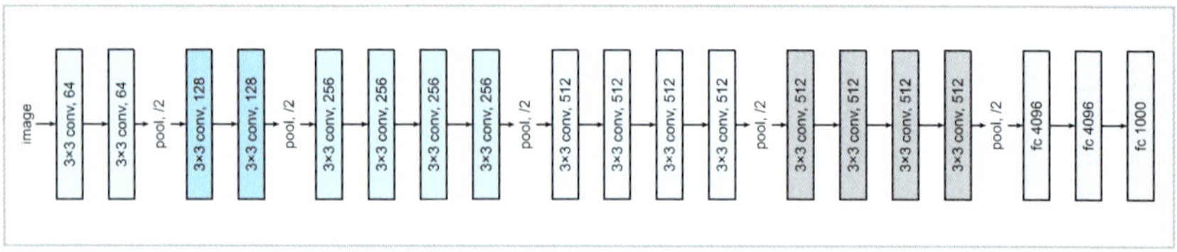

VGG 모델은 2014년 ILSVRC에서 2위를 차지한 모델이다. 16개의 컨볼루션 Layer로 구성되며, 11개부터 19개 사이의 5가지 깊이를 사용한 실험을 통해 신경망의 깊이가 성능에 어떠한 영향을 끼치는지 보여주는 모델이다. VGG 모델은 AlexNet의 11×11 컨볼루션 필터를 제거하고, 상대적으로 작은 크기의 3×3 컨볼루션 필터와 1×1 컨볼루션 필터만을 사용하고 있다. 층의 깊이가 8에서 11, 13, 16, 19까지 늘어난 구조이다. 1×1 컨볼루션은

* http://papers.nips.cc/paper/4824-imagenet-classification-with-deep-convolutional-neural-networks.pdf

** VGG Architecture(https://neurohive.io/en/popular-networks/vgg16/)

리셉티브 필드Receptive Field의 크기가 픽셀 하나이므로 특징 추출 효과는 거의 없다. 1×1 컨볼루션 이후에 ReLU 활성함수를 적용하므로 더 강력하게 표현할 수 있도록 구성하였다. 리셉티브 필드는 원본 이미지에서 컨볼루션 필터와 대응되는 부분을 말하며, 예를 들어 컨볼루션 필터의 크기가 3×3이라면 리셉티브 필드도 3×3이다. GoogleNet에 비해 간단한 구조를 가지고 있어 최근에도 많이 사용되고 있다. 활성화 함수는 딥러닝 네트워크에서 노드에 들어오는 값들에 대해 곧바로 다음 데이터로 전달되지 않고 주로 비선형 함수를 통과시킨 후 전달한다. 비선형함수를 사용하는 이유는 선형함수를 사용할 시 층을 깊게 하는 의미가 줄어들기 때문이다. LeLURectified Linear Unit 함수는 최근 가장 많이 사용되는 활성화 함수이며 $f(x) = \max(0, x)$로 정의된다.

GoogleNet(inception v3)*

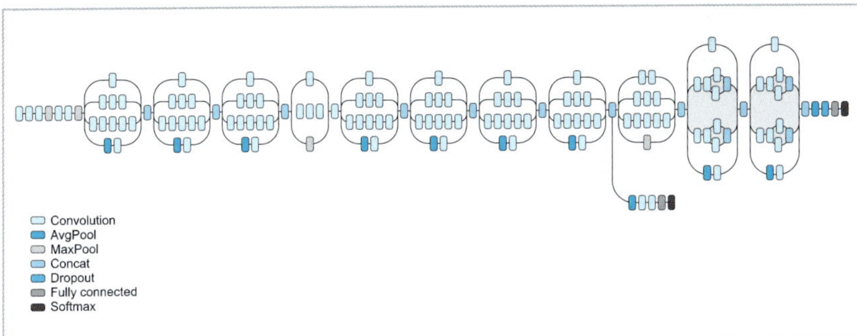

inception v3 architeccture

컨볼루션 신경망의 성능을 향상시키는 방법 중 하나는 신경망의 깊이를 깊게 하는 것이다. 하지만 깊이가 깊을수록 오버피팅과 연산량이 급증하여

* https://norman3.github.io/papers/docs/google_inception.html

최적의 결과를 얻지 못하는 경우가 생긴다. 이러한 문제를 해결하기 위해 GoogleNet은 인셉션Inception 모듈을 개발하였다. 인셉션 모듈의 컨셉은 '신경망 안의 신경망'이라는 것이다. 같은 계층에 서로 크기가 다른 컨볼루션 필터를 적용하고 그 값들을 결합하여 새로운 값을 만드는 것이다. 연산량이 늘어나는 문제를 해결하기 위해 1×1 컨볼루션 필터를 사용하여 차원을 줄이도록 하였다. GoogleNet은 9개의 인셉션 모듈로 구성되어 있으며 2014년 ILSVRC에서 VGG를 제치고 1위를 차지하였다. 이후 인셉션 v2, v3를 발표하며 성능을 개선하였으며 ResNet과 GoogleNet을 결합한 Inception ResNet을 발표하며 지속적으로 성능을 개선해왔다.

ResNet*

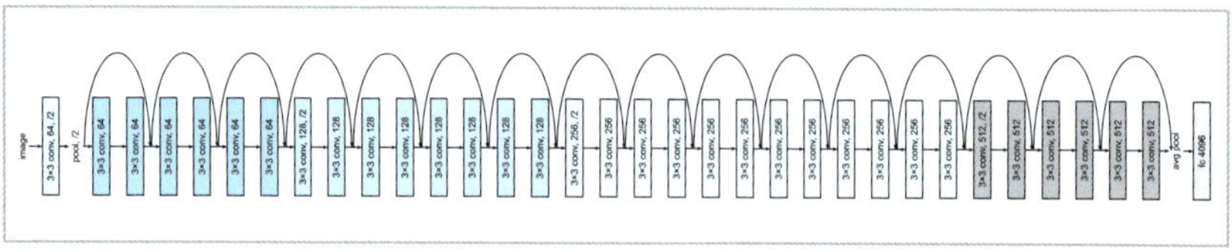

ResNet-34 Architecture

단순히 컨볼루션 신경망의 깊이를 깊게 함으로써 성능을 향상시키는 데는 한계가 있다. ResNet은 입력과 출력의 차이를 학습하는 잔차 학습Residual Learning을 사용하여 작은 변화에도 반응할 수 있도록 하는 방법을 사용하였다. ResNet은 34개의 계층을 가진 VGG 모델에 잔차 학습 방법을 적용한 것이다. VGG의 경우 계층을 18개에서 34개로 증가시켰을 때 오히려 정확도가 감소했지만, ResNet의 경우 성능이 향상되었음을 실험을 통해 증명하였다.

* https://www.kaggle.com/keras/resnet50

DenseNet*

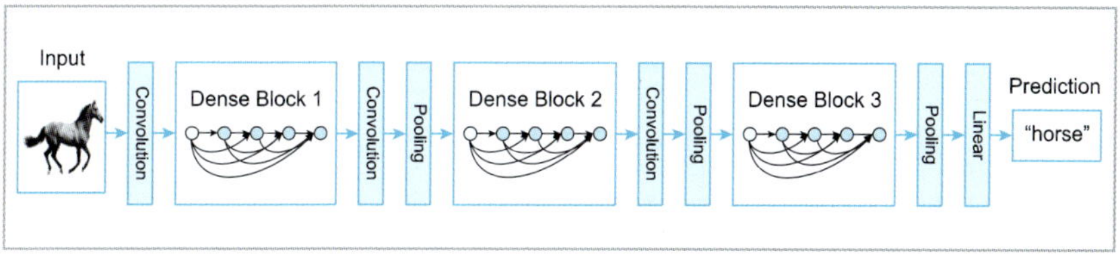

DenseNet Architecture

DenseNet은 모든 층에 잔차 학습 방법을 적용하였고 모든 계층의 출력은 각각의 다음 계층의 입력과 합쳐주는 방식을 사용하였다. ResNet의 경우 입력이 출력에 더해져 다음 계층의 입력으로 사용하기 때문에 마지막 단에서는 그 값의 영향이 줄어들게 된다. DenseNet의 경우 입력값을 계속해서 출력값의 진행 방향으로 더해주기 때문에 최초 값의 손실이 줄어들게 된다. 그렇기 때문에 이미지의 특징이 잘 보존되고, 깊이에 비해 파라미터 수가 적기 때문에 연산량이 줄어들고 적은 데이터셋에도 비교적 잘 학습된다는 장점이 있다.

객체 인식** 주요 모델

객체 인식이란 이미지에서 특정한 객체가 나타나는 부분을 찾아내는 것을 말한다. 객체 인식 기술을 통해 의료영상 분석, 지능형 CCTV, 자율 주행, 얼굴 인식 등에 활용되고 있으며 다양한 산업에서 필수 기술로 적용되고 있다. 최근 딥러닝 모델, 특히 컨볼루션 신경망 기반의 객체 인식 알고리즘

* https://medium.com/intuitionmachine/notes-on-the-implementation-densenet-in-tensorflow-beeda9dd1504

** https://ettrends.etri.re.kr/ettrends/172/0905172003/33-4_23-32.pdf

의 성능이 크게 발전하고 있다.

R-CNN 기반 모델(R-CNN, Fast R-CNN, Faster R-CNN)

R-CNN은 객체 인식 문제를 딥러닝 회귀Regression 방법으로 해결한 초창기 알고리즘이다. R-CNN은 후보 영역Region Proposal을 생성하고 컨볼루션 신경망을 통해 특징값features을 추출한다. 추출된 특징값을 이용해 영역 내의 객체를 SVMSupport Vector Machine을 이용하여 분류하여 객체를 인식하는 방법이다. 이 방법은 후보 영역마다 컨볼루션 신경망을 거치기 때문에 인식 시간이 많이 소요된다. 이를 해결하기 위해 입력 이미지에 대해 한 번의 컨볼루션 신경망을 적용하여 특징값을 추출한 방법이 Fast R-CNN이다. R-CNN에 비해 속도와 성능 면에서 향상시킬 수 있었지만 여전히 속도적

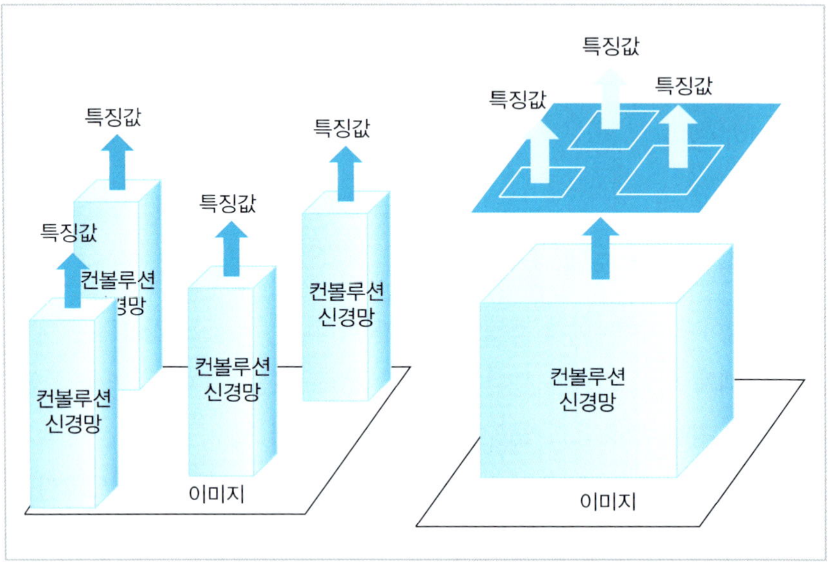

RCNN/Fast R-CNN – 특징값 추출 방법

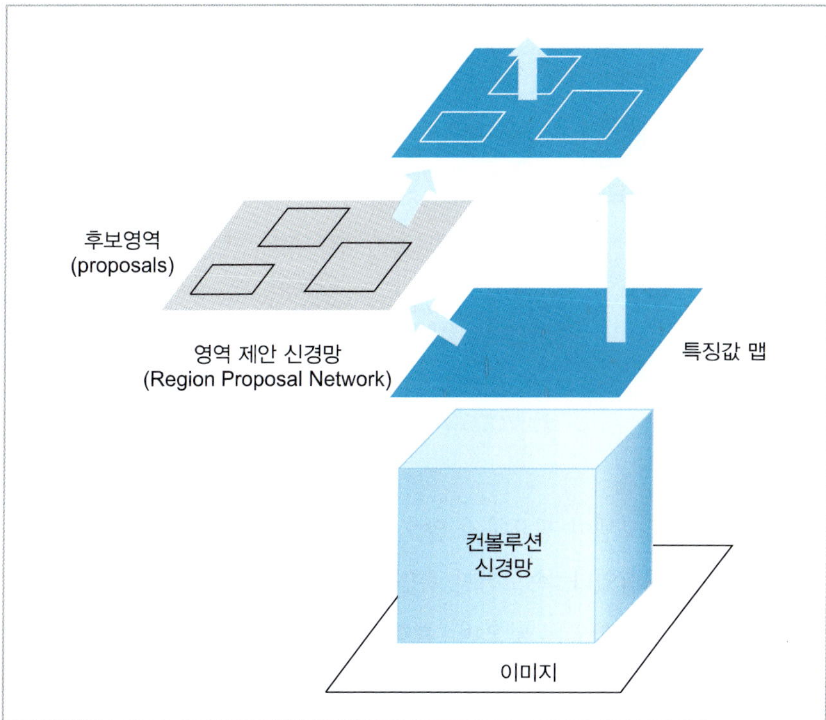

Faster R-CNN - 특징값 추출 방법

인 측면에서 비효율적이었다. 이에 Faster R-CNN은 후보 영역을 생성하기 위해 선택적 탐색 알고리즘 대신 컨볼루션 신경망을 사용하였고, Fast R-CNN보다 훈련 시간을 10배 정도 감소시키면서 성능 또한 향상시켰다.

YOLO(You Only Look Once)

YOLO는 기존의 알고리즘과 다르게 객체 인식 문제를 하나의 회귀 문제로 접근하여 속도를 크게 향상시켰다. R-CNN 계열의 알고리즘과 다르게 후보

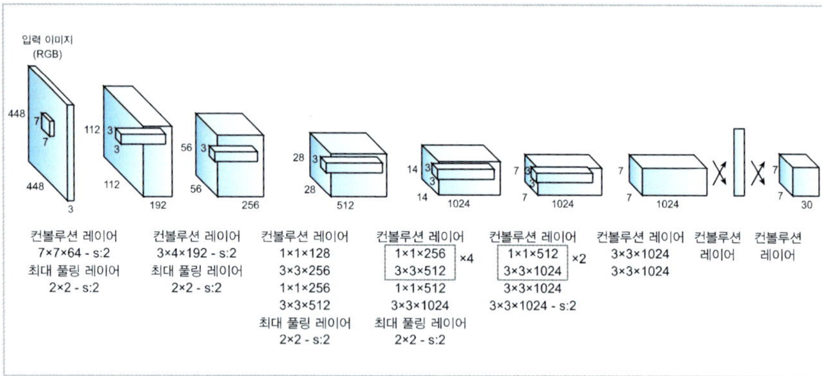

YOLO Architecture

영역을 추출하는 모델이 필요하지 않으며 하나의 컨볼루션 신경망을 사용하여 객체를 인식하였다. 속도적인 측면에서는 Faster R-CNN에 비해 월등히 향상되었지만 정확도는 낮으며, 특히 작은 물체를 인식하는데 낮은 성능을 보였다.

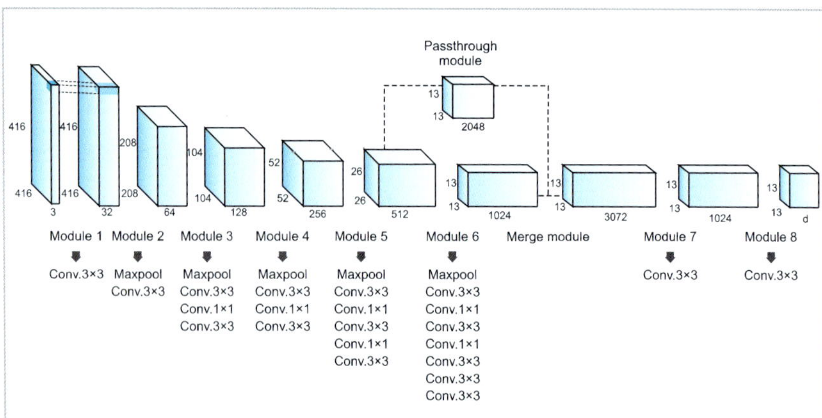

YOLO v2

YOLO의 낮은 성능을 개선하기 위해 성능과 속도를 모두 개선한 YOLO v2(YOLO9000)이 등장하였다. YOLO v2는 새로운 네트워크를 이용한 모델을 사용하였다. 특징값 추출을 위해 Darknet-19를 사용하여 학습데이터의 크기를 조절해 학습했기에 다양한 크기의 이미지에 잘 동작하는 결과를 도출했다. 또한, 최종 맵의 크기를 7×7에서 13×13으로 키워 작은 객체를 인식하는데 향상된 성능을 가져왔다.

	Type	Filters	Size	Output
	Convolutional	32	3 × 3	256 × 256
	Convolutional	64	3 × 3 / 2	128 × 128
	Convolutional	32	1 × 1	
1 ×	Convolutional	64	3 × 3	
	Residual			128 × 128
	Convolutional	128	3 × 3 / 2	64 × 64
	Convolutional	64	1 × 1	
2 ×	Convolutional	128	3 × 3	
	Residual			64 × 64
	Convolutional	256	3 × 3 / 2	32 × 32
	Convolutional	128	1 × 1	
8 ×	Convolutional	256	3 × 3	
	Residual			32 × 32
	Convolutional	512	3 × 3 / 2	16 × 16
	Convolutional	256	1 × 1	
8 ×	Convolutional	512	3 × 3	
	Residual			16 × 16
	Convolutional	1024	3 × 3 / 2	8 × 8
	Convolutional	512	1 × 1	
4 ×	Convolutional	1024	3 × 3	
	Residual			8 × 8
	Avgpool		Global	
	Connected		1000	
	Softmax			

Darknet-53

YOLO v3의 경우 YOLO v2의 구조와 Darknet-19를 이용하여 더 좋은 성능을 보였다. YOLO v2에서 사용된 Darknet-19를 더 확장시켜 53개의 레이어로 구성된 새로운 네트워크를 사용하였으며 해당 네트워크가 Darknet-53이다. Darknet-53을 사용하여 실시간 인식이 가능하면서 좋은 성능을 보이는 객체 인식 알고리즘을 보였다.

SSD(Single Shot multibox Detector)

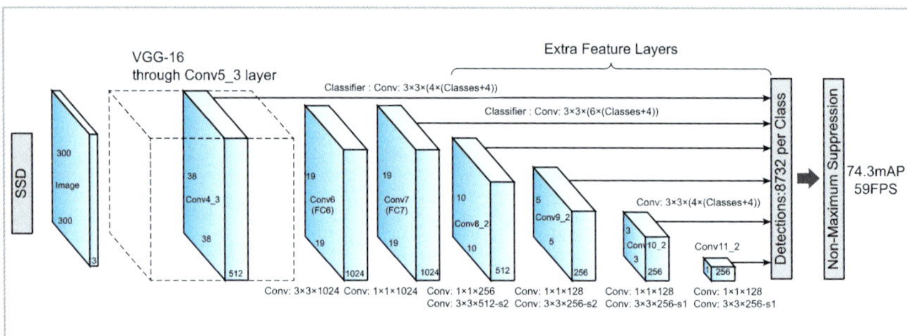

SSD Architecture (논문)

SSD의 경우 YOLO와 같이 후보 영역을 추출하는 RPN(Region Proposal Network)을 사용하지 않고 다양한 크기의 특징값 맵을 사용하였다. 그림과 같이 컨볼루션 신경망에서 컨볼루션 계층을 진행하면서 얻어진 특징값을 사용하였다. 다양한 크기의 특징값을 사용하였기 때문에 객체의 크기에 관계없이 좋은 성능을 보였다.

RetinaNet*

앞서 설명한 one-stage network(SSD, YOLO)가 two-stage network(R-CNN

* https://m.blog.naver.com/PostView.nhn?blogId=sogangori&logNo=221087066947&proxyReferer=https%3A%2Fwww.google.com%2F

계열)에 비해 낮은 성능을 보이는 이유는 클래스의 불균형 때문이다. RetinaNet은 클래스 분류에 일반적으로 사용되는 엔트로피 로스 함수를 수정한 Focal Loss를 제안하였다. Focal Loss는 잘 분류된 클래스에 대해서는 작은 가중치를 두고 분류하기 어려운 클래스에 대해서는 높은 가중치를 두어 학습하는 방법이다. 따라서 분류하기 쉬운 네거티브 샘플에 의해 발생하는 문제를 해결하였고, 속도와 성능 모두 좋은 성능을 보였다.

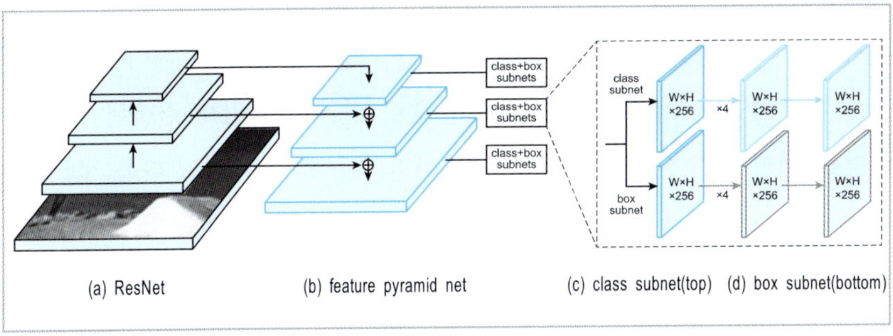

RetinaNet Architecture(논문)

한전 적용 사례

이미지 처리를 위한 AI 기술의 성능이 향상됨에 따라 다양한 산업에서 주요 기술로 응용되고 있으며 한전에서도 역시 이를 기반으로 연구가 진행되고 있다. 한전에서 이미지를 이용한 AI 기술을 살펴보도록 하자.

전력설비 복합 진단

기존의 전력설비 진단 방법은 사람의 육안으로 판단하기 때문에 사람의 숙련 정도에 따라 결과가 달라질 수 있으므로 정확도 및 신뢰도가 떨어진다. 전력설비의 복합진단을 위해 현장의 동영상 또는 사진에서 특정 전력설비를 자동으로 인식하고, 인식된 설비에 대해 열화 상태를 자동으로 진단하는 기술을 개발하였다.

광학 적출률이 높은 배전설비인 COS(본체, 결합애자), 자기제애자(현수, LP), LA를 대상으로 설비를 자동으로 검출하고 균열, 깨짐 등 상태를 자동 진단하는 연구를 진행하였다. 학습을 위한 데이터를 수집하기 위해 영상취득 장치를 제작하여 다양한 각도 및 상황에 따른 설비의 영상을 취득하였고, 총 6,580장의 데이터를 확보하였다. 배전설비를 인식하기 위해 실시간 객체 인식이 가능한 YOLO v2 알고리즘을 기반으로 수집된 데이터를 사용하여 학습하였다. 설비의 상태를 자동으로 진단하기 위해 검출된 설비의 배경을 제거하고 진단에 유리하도록 이미지를 회전한다. 그다음, 색상과

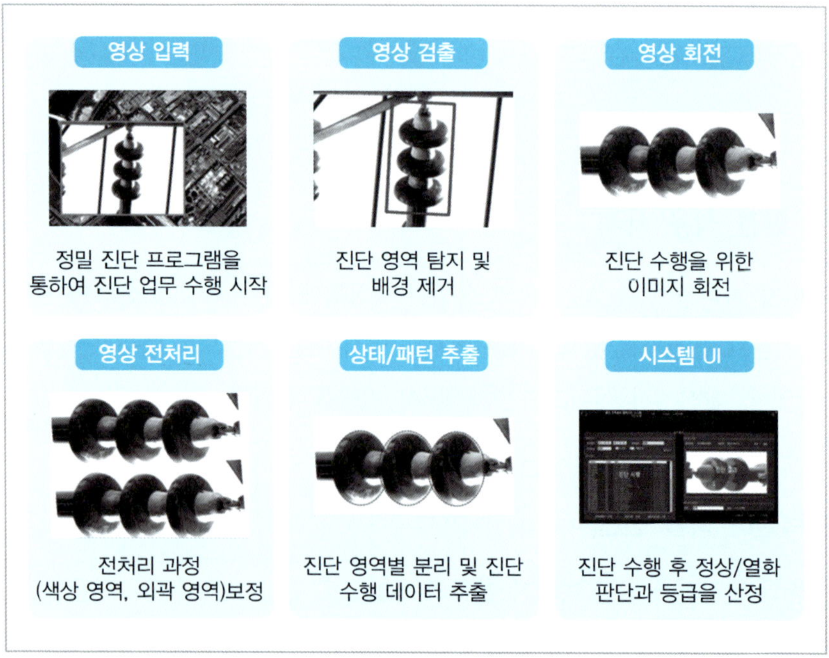

전력설비 복합 진단 전체 과정

외곽의 보정 과정을 거쳐 진단 영역별 분리 후 진단 수행 데이터를 추출한다. 진단 수행 후 설비가 정상인지 열화 상태인지 판단하고 등급을 산정하여 최종적으로 설비의 상태를 진단하게 된다.

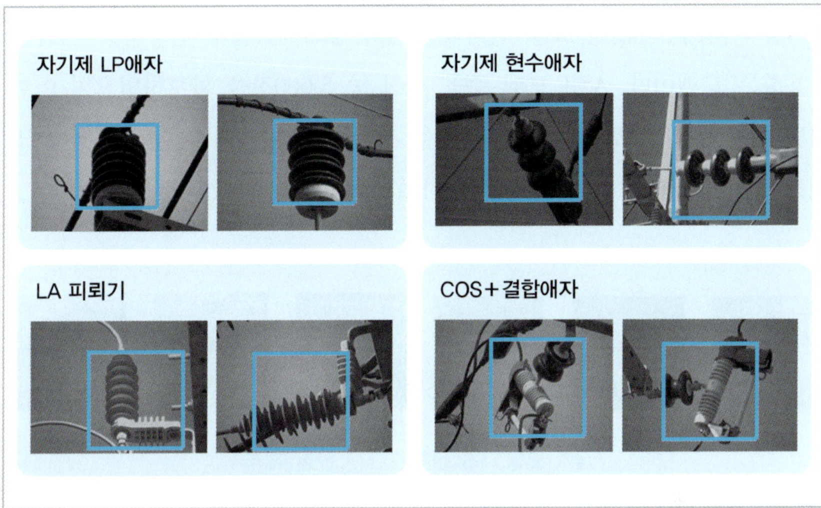

검출 알고리즘 개발 결과

알고리즘 적용 결과

전력량계 검침

전력량계의 계량값을 읽기 위해 일일이 수작업으로 처리하는 것을 영상인식을 통하여 자동으로 인식하는 모델을 개발하였다. 이 모델은 전력사용량을 자동으로 인식하기 위해 AI 분석기법을 이용하여 계량기 계기판에서 전력사용 지침값, 제조번호를 인식하여 영업정보시스템에 전송하고 과금에 활용하는 모델이다. AMI 모뎀 준공 사진 중 5,600장을 확보하였으며 이미지별 지침값 및 제조번호 태깅 작업을 시행하였으며, 태깅 결과 지침값 및 제조번호 데이터를 4,500장씩 확보하여 학습에 이용하였다.

AMI 모뎀, LS 산전 제작/ 신한 제작

전체 계기판에서 지침값과 제조번호 영역을 추출하기 위해 객체 인식 알고리즘 중 하나인 YOLO v3를 사용하였으며, 이미지넷 데이터셋으로 미리 학습된 YOLO 모델을 이용하여 자체 수집한 이미지를 통해 미세 조정하여

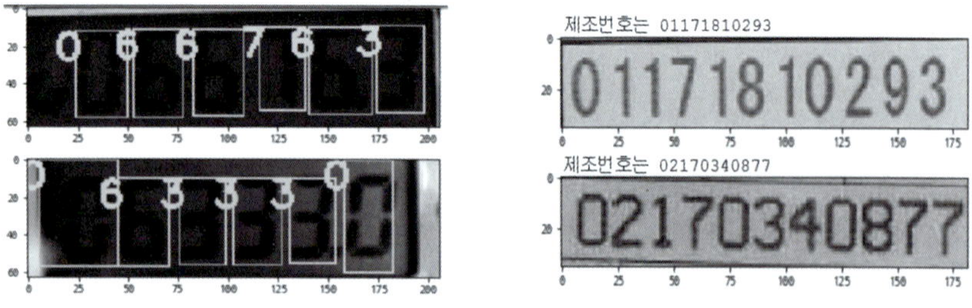

지침값 인식 결과/제조번호 인식 결과

처리하였다. 추출된 지침값과 제조번호 영역에서 숫자를 검출하기 위해 YOLO 모델 및 CNN 모델을 사용하여 자동으로 숫자를 인식할 수 있도록 개발하였다.

공사현장 모니터링

공사현장 모니터링을 위해 AI 기반 이미지 분석 기술을 이용하였다. 170 kV 점검의 경우 안전성을 확인하기 위해 작업 전 안전회의록, 위험성 체크리스트를 점검하여야 한다. 이를 위해 OCR[Optimal Character Reader](광학 문자 판독기) 기술을 이용하여 문자를 인식하고 안전회의록 및 위험성 체크리스트가 잘 작성되었는지 판단하는 기능을 개발하였고 활용 중에 있다.

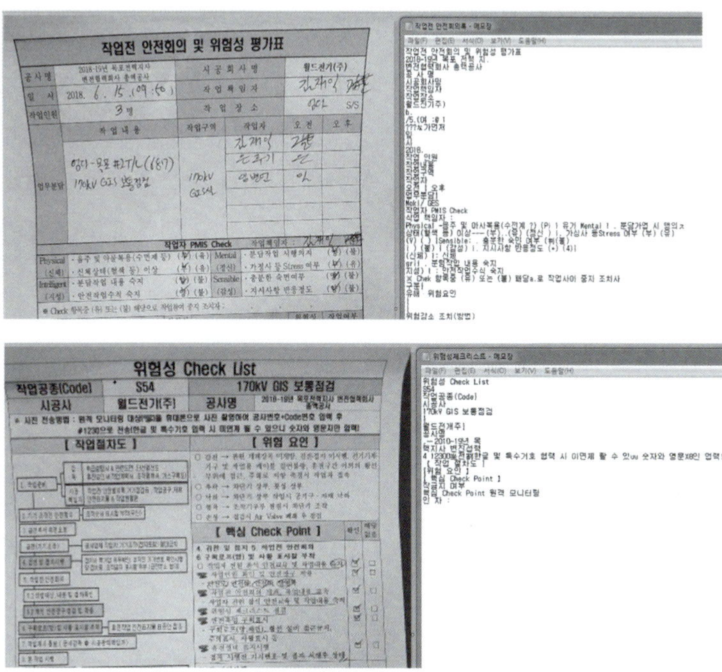

안전회의록 및 위험성 체크리스트 인식 결과

또한, 작업 전 휴전설비 현장 접지 및 작업개소 안전구획을 잘 표기하였는지도 확인할 수 있다. 이는 SIFT Scale-Invariant Feature Transform 알고리즘으로 이미지에서 특징점을 추출하여 촬영된 이미지에서 샘플 이미지와 유사한 영역을 찾아내는 기능을 활용한 것이다. 여기서 SIFT 알고리즘은 크기가 달라도 동일한 물체로 인식할 수 있는 특성을 지닌 알고리즘이다.

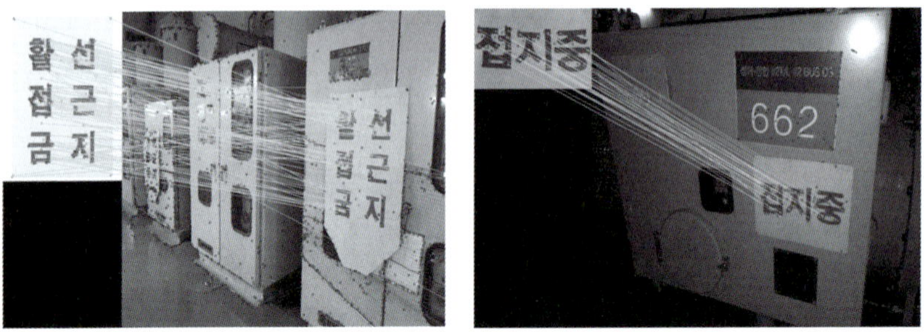

SIFT 알고리즘 기반 feature matching

작업자의 안전상태를 확인하기 위해 안전회의 사진에서 작업자가 안전모를 착용하고 있는지에 대한 여부를 확인하고 있다. 이를 위해 최신 객체인식 알고리즘인 Mask R-CNN 알고리즘을 사용하여 사람과 안전모를 인식하여 작업자가 안전모를 착용하였는지 점검한다.

사람 및 안전모 인식 결과

[예제] YOLO 기반 자율검침 영역 추출

앞 절에서 말한 한전의 AI 기반의 자율검침에 대한 예제를 살펴보도록 하자. 예제에서는 AMI 모뎀 이미지에서 전력사용 지침값이 나타나는 영역과 제조번호가 나타나는 영역을 추출해보는 것이다. YOLO v3모델을 사용하였으며 이미지넷 데이터를 이용하여 미리 학습된 Darknet-53의 가중치값 weights을 다운로드 받아 추출한 데이터를 가지고 재학습하는 기능이 포함되어 있다.

환경

파이썬Python과 케라스Keras를 사용하였으며 자세한 버전은 아래와 같다.

```
- python 3.6
- keras 2.2.4
```

이번 예제에서 사용한 YOLO v3 모델은 https://github.com/qqwweee/keras-yolo3를 기반으로 작성되었다. git clone을 이용하여 해당 코드를 가져 온다.

```
git clone https://github.com/qqwweee/keras-yolo3
```

이번 예제에서는 COCO 데이터셋을 사용하여 미리 학습된 모델을 가져와 재학습하였다. COCO 데이터셋으로 미리 학습된 모델은 YOLO 공식 홈페이지에서 아래와 같은 명령어를 통해 다운로드 할 수 있다.

```
wget https://pjreddie.com/media/files/yolov3.weights
```

다운로드 받은 가중치값을 케라스에서 사용가능하도록 변환해야 한다. git clone으로 가져온 코드 중 convert.py 파이썬 코드를 사용해서 변환한다. 다운로드 받은 yolov3.weights를 케라스에서 사용 가능한 가중치값인 변환하여 `model_data` 폴더의 yolo.h5 이름으로 저장하는 명령어이다.

```
python convert.py yolov3.cfg yolov3.weights model_data/yolo.h5
```

데이터 준비

자신이 가지고 있는 데이터에서 객체를 인식하기 위해 이미지에서 인식할 객체의 바운딩 박스가 태깅된 정보가 있어야 한다. 이번 예제에서는 계기판 이미지에서 자율 검침을 위해 전력사용 지침값, 제조번호를 인식하고자 하고, 클래스에 맞게 바운딩 박스를 태깅하여야 한다. 이미지 경로를 지정하여 이미지를 저장해주고, 라벨 경로에 이미지 이름과 같은 파일 이름을 가진 텍스트 파일로 클래스별 바운딩 박스에 대한 정보를 저장한다. 예를 들어, 이번 예제의 클래스는 2개로 전력사용 지침값(클래스 이름 : use), 제조번호(클래스 이름 : serial) 으로 각 클래스에 맞는 바운딩 박스가 아래와 같이 지정되어 있다.

```
the number of bounding boxes
x_min, y_min, x_max, y_max, class name
x_min, y_min, x_max, y_max, class name
...
```

```
2
202 109 345 155 use
218 229 371 252 serial
```

000000_56170686106.jpg 000000_56170686106.txt

모델 구현

이번 예제에서는 YOLO v3 모델을 사용하였다.

```
# 필요한 패키지 불러오기
```

코드 1.1 YOLO v3 모델

```
def yolo_body(inputs, num_anchors, num_classes):
    # 1. darknet : darknet-53 모델에 입력값을 적용한 케라스 모델
    darknet = Model(inputs, darknet_body(inputs)) # darknet_body : 코드1.2) 참고
    # 2. x, y1 :
    x, y1 = make_last_layers(darknet.output, 512, num_anchors* (num_classes+5))
                                    # make_last_layers : 코드1.5) 참고

    x = compose(
            DarknetConv2D_BN_Leaky(256, (1,1)),
            UpSampling2D(2))(x)
    x = Concatenate()([x,darknet.layers[152].output])
    x, y2 = make_last_layers(x, 256, num_anchors*(num_classes+5))

    x = compose(
            DarknetConv2D_BN_Leaky(128, (1,1)),
            UpSampling2D(2))(x)
    x = Concatenate()([x,darknet.layers[92].output])
    x, y3 = make_last_layers(x, 128, num_anchors*(num_classes+5))

    return Model(inputs, [y1,y2,y3])
```

코드 1.2 Darknet-53 모델

```
def darknet_body(x):
    # Darknet 모델: 52 개의 컨볼루션 계층으로 이루어짐
    x = DarknetConv2D_BN_Leaky(32, (3,3))(x)
                                        # DarknetConv2D_BN_ Leaky : 코드1.3) 참고
    x = resblock_body(x, 64, 1) # resblock_body : 코드1.4) 참고
    x = resblock_body(x, 128, 2)
    x = resblock_body(x, 256, 8)
    x = resblock_body(x, 512, 8)
    x = resblock_body(x, 1024, 4)
    return x
```

코드 1.3 배치 정규화 및 Leaky 렐루 함수를 적용한 Darknet의 컨볼루션 2D 레이어

```
def DarknetConv2D_BN_Leaky(*args, **kwargs):
    # Darknet 컨볼루션 2D 레이어는 BatchNormalization과 LeakyReLU를 사용한다.
no_bias_kwargs = {'use_bias': False}
    no_bias_kwargs.update(kwargs)
    return compose(
        DarknetConv2D(*args, **no_bias_kwargs), # DarknetConv2D : 코드 1.6) 참고
        BatchNormalization(),
        LeakyReLU(alpha=0.1))
```

코드 1.4 Darknet를 이루는 Resblock

```
def resblock_body(x, num_filters, num_blocks):
    # Darknet 의 Resblock 은 컨볼루션 2D 레이어를 이용하여 다운샘플링 함
    x = ZeroPadding2D(((1,0),(1,0)))(x)
    x = DarknetConv2D_BN_Leaky(num_filters, (3,3), strides=(2,2))(x) #
    DarknetConv2D_BN_Leaky : 코드 1.3) 참고
    for i in range(num_blocks): # block 수 만큼 레이어를 붙임
```

```
        y = compose(
                DarknetConv2D_BN_Leaky(num_filters//2, (1,1)),
                DarknetConv2D_BN_Leaky(num_filters, (3,3)))(x)
        x = Add()([x,y])
    return x
```

코드 1.5 Darknet의 마지막 레이어 정의

```
def make_last_layers(x, num_filters, out_filters):
    # 마지막 레이어는 컨볼루션 2D 레이어로 이루어짐
    x = compose(
            DarknetConv2D_BN_Leaky(num_filters, (1,1)),
            DarknetConv2D_BN_Leaky(num_filters*2, (3,3)),
            DarknetConv2D_BN_Leaky(num_filters, (1,1)),
            DarknetConv2D_BN_Leaky(num_filters*2, (3,3)),
            DarknetConv2D_BN_Leaky(num_filters, (1,1)))(x)
    y = compose(
            DarknetConv2D_BN_Leaky(num_filters*2, (3,3)),
            DarknetConv2D(out_filters, (1,1)))(x)
    return x, y
```

코드 1.6 Darknet의 컨볼루션 2D 레이어

```
def DarknetConv2D(*args, **kwargs):
    # Darknet 의 컨볼루션 2D 레이어의 regularizer 및 padding 방법 정의
    darknet_conv_kwargs = {'kernel_regularizer': l2(5e-4)}
    darknet_conv_kwargs['padding'] = 'valid' if kwargs.get ('strides')==(2,2)
                                     else 'same'
    darknet_conv_kwargs.update(kwargs)
    return Conv2D(*args, **darknet_conv_kwargs)
```

```
model.py
```

모델 학습 : 보유한 데이터를 사용하여 YOLO 모델 재학습(미세조정)

```
# 필요한 패키지 불러오기

import numpy as np
import keras.backend as K
from keras.layers import Input, Lambda
from keras.models import Model
from keras.optimizers import Adam
from keras.callbacks import TensorBoard, ModelCheckpoint, ReduceLROnPlateau,
    EarlyStopping
from model import preprocess_true_boxes, yolo_body, tiny_yolo_ body, yolo_loss
from utils import get_random_data
import os
```

코드 2.1 재학습을 위한 메인 함수

```
def _main():
    # 학습데이터를 라벨링한 텍스트 파일 위치
    annotation_path = 'train.txt'
    # 데이터 경로
    data_path = os.getcwd().replace('jupyter','data')

    log_dir = 'logs/000/'
    classes_path = data_path + '/model_data/voc_classes.txt'
    anchors_path = data_path + '/model_data/yolo_anchors.txt'
    class_names = get_classes(classes_path) # get_classes : 코드 2.2) 참고
    num_classes = len(class_names)
    anchors = get_anchors(anchors_path) # get_anchors : 코드 2.3) 참고
    input_shape = (416,416) # multiple of 32, hw
    # anchor의 수가 6개이면 tiny 버전 YOLO 모델 생성
    is_tiny_version = len(anchors)==6 # default setting
    if is_tiny_version:
        model = create_tiny_model(input_shape, anchors, num_classes,
```

```
            freeze_body=2, weights_path=data_path+'/model_data/ tiny_yolo_weights.h5')
                                                    # create_tiny_model : 코드 2.4) 참고
    else:
        model = create_model(input_shape, anchors, num_classes,
            freeze_body=2, weights_path=data_path+'/model_data/ yolo_weights.h5')
                                                    # create_model : 코드 2.5) 참고
logging = TensorBoard(log_dir=log_dir)
    checkpoint = ModelCheckpoint(log_dir + '
ep{epoch:03d}-loss{loss:.3f}-val_loss{val_loss:.3f}.h5',
        monitor='val_loss', save_weights_only=True, save_best_ only=True, period=3)
    reduce_lr = ReduceLROnPlateau(monitor='val_loss', factor=0.1, patience=3,
                verbose=1)
    early_stopping = EarlyStopping(monitor='val_loss', min_delta =0,
                    patience=10, verbose=1)
    val_split = 0.1
    with open(annotation_path) as f:
        lines = f.readlines()
    np.random.seed(10101)
    np.random.shuffle(lines)
    np.random.seed(None)
    num_val = int(len(lines)*val_split)
    num_train = len(lines) - num_val
    # Train with frozen layers first, to get a stable loss.
    # Adjust num epochs to your dataset. This step is enough to obtain a not bad model.
    If True:
        model.compile(optimizer=Adam(lr=1e-3), loss={
            # use custom yolo_loss Lambda layer.
            'yolo_loss': lambda y_true, y_pred: y_pred})
        batch_size = 32
        print('Train on {} samples, val on {} samples, with batch size {}.'.
            format(num_train, num_val, batch_size))
        model.fit_generator(data_generator_wrapper(lines[:num_ train],
            batch_size, input_shape, anchors, num_classes),
              steps_per_epoch=max(1, num_train//batch_size),
```

```
            validation_data=data_generator_wrapper(lines[num_ train:],
                        batch_size, Input_shape, anchors, num_classes),
            validation_steps=max(1, num_val//batch_size),
            epochs=50,
            initial_epoch=0,
            callbacks=[logging, checkpoint])
                                  # data_generator_ wrapper : 코드 2.5) 참고
        model.save_weights(log_dir + 'trained_weights_stage_1.h5')
    # Unfreeze and continue training, to fine-tune.
    # Train longer if the result is not good.
    If True:
        for I in range(len(model.layers)):
            model.layers[i].trainable = True
        model.compile(optimizer=Adam(lr=1e-4), loss={'yolo_loss': lambda
            y_true, y_pred: y_pred}) # recompile to apply the change
        print('Unfreeze all of the layers.')
        batch_size = 32 # note that more GPU memory is required after unfreezing
            the body
        print('Train on {} samples, val on {} samples, with batch size {}.'.
            format(num_train, num_val, batch_size))
        model.fit_generator(data_generator_wrapper(lines[:num_ train], batch_
            size, input_shape, anchors, num_classes),
            steps_per_epoch=max(1, num_train//batch_size),
            validation_data=data_generator_wrapper(lines[num_ train:],
                batch_size, input_shape, anchors, num_classes),
            validation_steps=max(1, num_val//batch_size),
            epochs=100,
            initial_epoch=50,
            callbacks=[logging, checkpoint, reduce_lr, early_stopping])
        model.save_weights(log_dir + 'trained_weights_final.h5')
    # Further training if needed.
if __name__ == '__main__':
    _main()
```

코드 2.2 인식하고자 하는 객체의 클래스 이름 불러오기

```
Def get_classes(classes_path):
    # 클래스를 정의한 텍스트 파일을 열어 클래스 이름 가져오기
    with open(classes_path) as f:
        class_names = f.readlines()
    class_names = [c.strip() for c in class_names]
    return class_names
```

코드 2.3 바운딩 박스의 anchor 정보 가져오기

```
def get_anchors(anchors_path):
    # anchor를 정의한 파일을 열어 바운딩 박스에 대한 anchor 정보 가져오기
with open(anchors_path) as f:
        anchors = f.readline()
    anchors = [float(x) for x in anchors.split(',')]
    return np.array(anchors).reshape(-1, 2)
```

코드 2.4 YOLO 모델

```
def create_model(input_shape, anchors, num_classes, load_ pretrained=True,
freeze_body=2,
            weights_path='model_data/yolo_weights.h5'):
    '''create the training model'''
    K.clear_session() # get a new session
    image_input = Input(shape=(None, None, 3))
    h, w = input_shape
    num_anchors = len(anchors)
    y_true = [Input(shape=(h//{0:32, 1:16, 2:8}[l], w//{0:32, 1:16, 2:8}[l], \
        num_anchors//3, num_classes+5)) for l in range(3)]
    model_body = yolo_body(image_input, num_anchors//3, num_classes)
    print('Create YOLOv3 model with {} anchors and {} classes.' .format(num_
        anchors, num_classes))
    if load_pretrained:
        model_body.load_weights(weights_path, by_name=True, skip_ mismatch=True)
```

```
        print('Load weights {}.'.format(weights_path))
        if freeze_body in [1, 2]:
            # Freeze darknet53 body or freeze all but 3 output layers.
            Num = (185, len(model_body.layers)-3)[freeze_body-1]
            for I in range(num): model_body.layers[i].trainable = False
            print('Freeze the first {} layers of total {} layers.' .format(num,
                 len(model_body.layers)))
    model_loss = Lambda(yolo_loss, output_shape=(1,), name='yolo_ loss',

arguments={'anchors': anchors, 'num_classes': num_classes, 'ignore_thresh': 0.5})(
        [*model_body.output, *y_true])
    model = Model([model_body.input, *y_true], model_loss)
    return model
```

코드 2.5

```
def data_generator_wrapper(annotation_lines, batch_size, input_shape, anchors,
num_classes):
    n = len(annotation_lines)
    if n==0 or batch_size<=0: return None
    return data_generator(annotation_lines, batch_size, input_shape, anchors,
         num_classes) # data_generator : 코드 2.6) 참고
```

코드 2.6

```
def data_generator(annotation_lines, batch_size, input_shape, anchors,
num_classes):
    '''data generator for fit_generator'''
    n = len(annotation_lines)
    I = 0
    while True:
        image_data = []
        box_data = []
        for b in range(batch_size):
```

```
        if i==0:
            np.random.shuffle(annotation_lines)
        image, box = get_random_data(annotation_lines[i], input_shape,
                random=True)
        image_data.append(image)
        box_data.append(box)
        I = (i+1) % n
    image_data = np.array(image_data)
    box_data = np.array(box_data)
    y_true = preprocess_true_boxes(box_data, input_shape, anchors, num_classes)
    yield [image_data, *y_true], np.zeros(batch_size)
```

```
train.py
```

객체 인식(이미지에서 검침값 및 제조번호 영역 추출)

```
# 필요한 패키지 불러오기
from keras.models import load_model
from yolo import YOLO # 객체 인식을 위한 YOLO 모델
from PIL import Image
import os
import cv2
from imutils.perspective import four_point_transform
from imutils import contours
import imutils
from PIL import Image, ImageFont, ImageDraw, ImageEnhance
import numpy as np
import matplotlib.pyplot as plt
from scipy.misc import imread, imresize
```

코드 3.1 YOLO 모델 및 데이터 불러오기

```
yolo = YOLO()
# 객체 인식을 실행할 이미지 데이터 경로
org_image_dir_path = 'data/test'
file_list = os.listdir(org_image_dir_path)
# 이미지 출력하기
for file_name in file_list:
    if file_name.split('.')[1] == 'jpg' or file_name.split('.')[1] == 'png':
        print(file_name)
        image = cv2.imread(os.path.join(org_image_dir_path, file_name))
        pil_im = Image.fromarray(image)
        fig = plt.imshow(np.asarray(pil_im))
        plt.show()
```

→ 출력값

코드 3.2 YOLO를 통한 지침값 및 제조번호 추출하기

```
# 샘플 이미지 경로 및 추출 결과물 경로
org_image_dir_path = 'data/test/images_meter/'
crop_image_dir_path = 'data/test/crop/'

file_list = os.listdir(org_image_dir_path)
for file_name in file_list:
    if file_name.split('.')[1] != 'jpg' and file_name.split('.') [1] != 'png':
        continue
    img_path = os.path.join(org_image_dir_path, file_name)
    source_image = Image.open(img_path)
    # YOLO를 활용한 각 이미지별 검침값 영역 및 제조번호 영역 추출
    result_list = yolo.detect_image_area(source_image)
    cv2_image = cv2.imread(img_path)
    # 추출된 영역의 이미지상 좌표를 저장
    for i in range(len(result_list)):
        result = result_list[i]
```

```
        xmin = result['xmin']
        ymin = result['ymin']
        xmax = result['xmax']
        ymax = result['ymax']
        label = result['label']
        # 추출된 검침값과 제조번호 이미지를 저장
        if label =='use':
            crop_img_path = os.path.join(crop_image_dir_path + 'use' + '/',
                                         file_name.split('.')[0] + '_' + str(i) + '.jpg')
        else:
            xmax = result['xmax'] + 8
            crop_img_path = os.path.join(crop_image_dir_path + 'serial' + '/',
                                         file_name.split('.')[0] + '_' + str(i) + '.jpg')

        img_trim = cv2_image[ymin:ymax, xmin:xmax]
        cv2.imwrite(crop_img_path, img_trim)
```

코드 3.3 추출된 지침값 및 제조번호 이미지 출력

```
print("-----------------------지침값-----------------------")
crop_image_dir_path = 'data/test/crop/use/'
file_list = os.listdir(crop_image_dir_path)
for file_name in file_list:
    if file_name.split('.')[1] == 'jpg' or file_name.split('.')[1] == 'png':
        print(file_name)
        image = cv2.imread(os.path.join(crop_image_dir_path, file_name))
        pil_im = Image.fromarray(image)
        fig = plt.imshow(np.asarray(pil_im))
        plt.show()
print("-----------------------제조번호-----------------------")
crop_image_dir_path = 'data/test /crop/serial/'
file_list = os.listdir(crop_image_dir_path)
for file_name in file_list:
    if file_name.split('.')[1] == 'jpg' or file_name.split('.')[1] == 'png':
```

```
print(file_name)
image = cv2.imread(os.path.join(crop_image_dir_path, file_name))
pil_im = Image.fromarray(image)
fig = plt.imshow(np.asarray(pil_im))
plt.show()
```

→ 출력값

2 시계열 데이터 예측 분야

시계열 데이터 예측 알고리즘*

먼저, 시계열 데이터가 무엇인지 알아보자. 시계열에서의 데이터가 x_1, x_2, …. x_n이 있다고 할 때, 각각의 샘플들은 특정한 시간 t에서 측정된 데이터들 의미한다. 예를 들어, x_1은 1초에, x_2는 2초에 생성된 데이터를 의미한다. 시계열에서의 데이터는 보통 시간적으로 상관성이 존재하기 때문에 과거의 데이터의 패턴을 알아내어 미래를 잘 예측하는 것이 시계열 데이터 분석이라고 할 수 있다.**

자기회귀모델 – AR(Autoregressive) 모형

자기 상관autocorrelation function이란 어떠한 확률 변수에서 특정 시간 이전의 값이 이후의 값에 영향을 미치는 것을 의미한다. 이러한 자기 상관은 바로 이전의 값에 영향을 받기도 하고, delay된 값에 영향을 받기도 한다. 이러한 자기상관성을 모형으로 구성한 것을 ARAutoregressive 모형이라고 하며 가장 간단한 형태가 바로 이전의 데이터가 다음 데이터에 영향을 준다고 가정한 AR(1) 모형이다.

* https://m.blog.naver.com/PostView.nhn?blogId=sw4r&logNo=221023159390&proxyReferer=https%3A%2F%2Fwww.google.com%2F

** https://m.blog.naver.com/bluefish850/220749045909

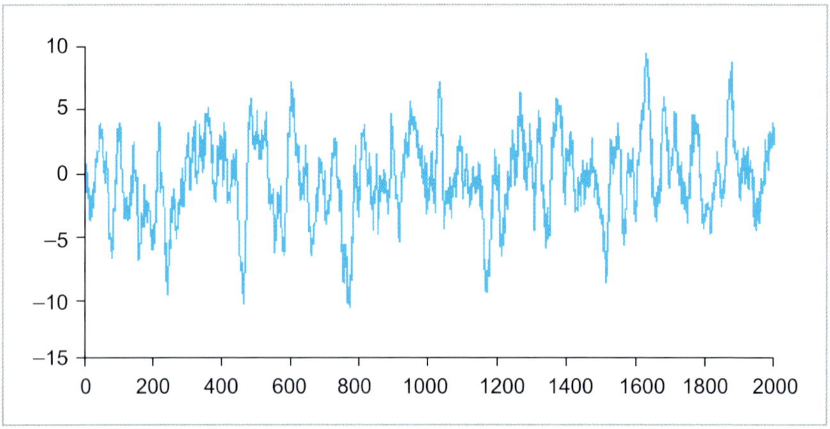

$$X(t) = a^* X(t-1) + c + u^* e(t)$$

[AR(1) 모형의 일반식]

AR(1) 식에서 $e(t)$는 white noise* 값으로 평균은 0이고 분산은 1인 랜덤한 값을 의미한다. t시간의 데이터를 예측하기 위해 $t-1$에서 측정된 데이터에 a이라는 상수를 곱하고, c 상수를 더한 것으로 예측이 가능하며 평균이 $a^* X(t-1)$이고 분산이 u인 임의의 값을 의미한다. 만약 더 이전의 시점인 p 시점을 넣게 되면 AR(P) 모형이 된다.

$$X_t = c + \sum_{i=1}^{p} \phi_i X_{t-i} + \epsilon_t^*$$

[AR(P) 모형의 일반식]

* 신호처리에서 어떤 주파수 대역 안에서 주파수에 대한 전력 밀도의 스펙트럼이 거의 일정한 잡음, 그래프를 그려보면 주파수대역 전체에 걸쳐 나타나는 평탄한 잡음을 뜻함. 빛의 백색은 모든 주파수의 빛을 고르게 포함하고 있는 것과 비슷하다고 하여 백색잡음이라 함.

이동평균 모델 – MA(Moving Average) 모형

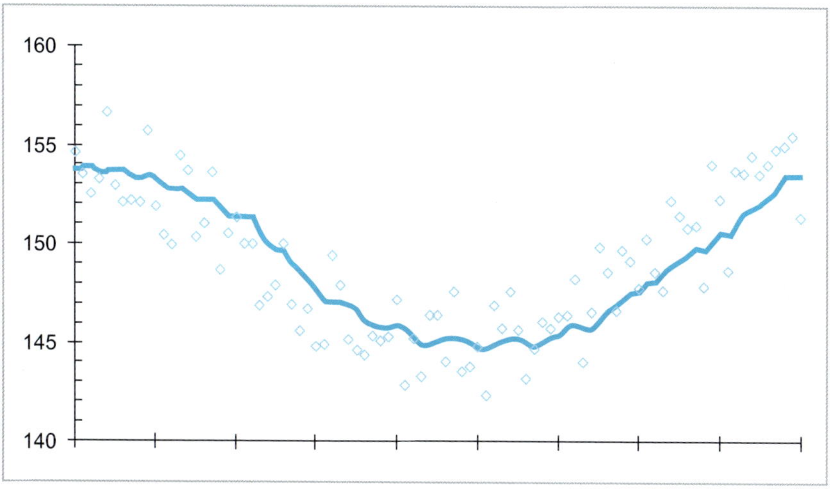

시계열 데이터 패턴

위의 그림과 같이 시간이 지날수록 어떠한 확률 변수의 평균값이 지속적으로 증가하거나 감소하는 변화가 생길 수 있다. 예를 들어 여름에 가까워질수록 냉방기로 인한 전기 수요량이 증가하며 봄이나 가을에 가까워질수록 전기 수요량이 줄어드는 것을 볼 수 있다. 이러한 경우 평균이 이동하는 시계열 데이터라고 볼 수 있다. 이동평균을 시계열 모형으로 구성한 것을 MA[Moving Average] 모형이라고 하며 가장 간단한 형태가 바로 직전 데이터가 다음 데이터에 영향을 준다고 가정한 MA(1)이다.

$$X(t) = a^{*}e(t-1) + c + u^{*}e(t)$$

[MA(1) 모형의 일반식]

t 시점에서의 측정될 $X(t)$의 평균값은 $t-1$에서 발생한 에러 $e(t-1)$의

값에 상수 a을 곱하고 상수 c를 더한 값으로 예측 될 수 있다. 여기서도 마찬가지로 $e(t)$는 평균이 0이고 분산 u인 값이므로 $X(t)$는 평균이 $a^*e(t-1)$이며 분산이 u인 임의의 값을 의미한다. 만약 더 이전의 시점의 값(P 시점)을 넣고자 하면 MA(P) 모형이 되는 것이다.

ARMA(Autoregressive Moving Average) 모형

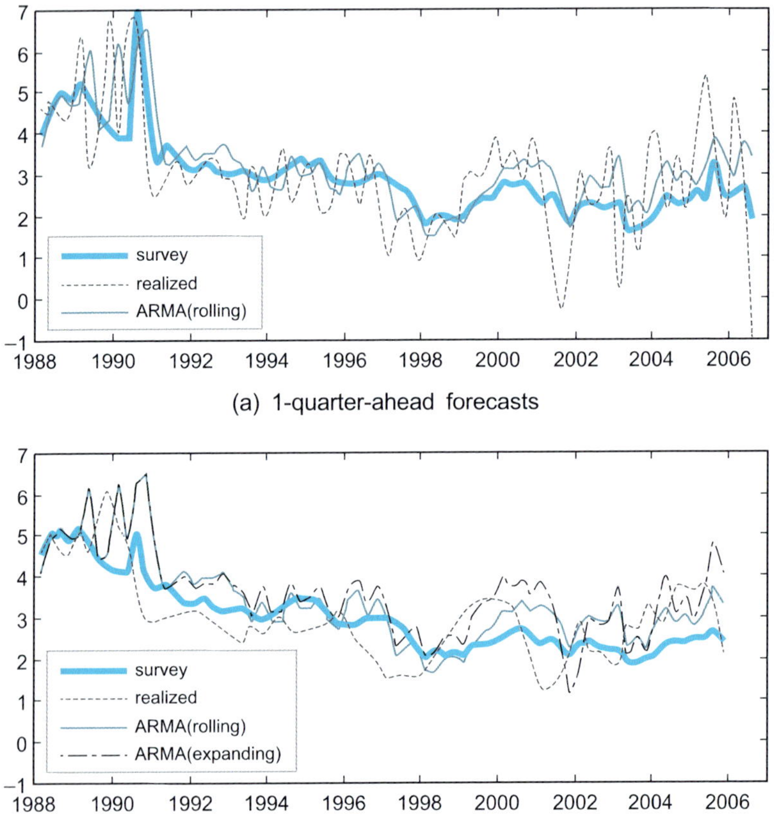

(a) 1-quarter-ahead forecasts

(b) 1-year inflation forecast

AR[Autoregressive]과 MA[Moving Average] 모형을 결합해 놓은 형태로, 시계열 데이터 분석에 많이 활용되는 모형이다. ARMA(p, q)에서 p는 AR에서의 값을 의미하며 q는 MA에서의 값을 의미한다.

$$X(t) = a^* X(t-1) + b^* e(t-1) + c + u^* e(t)$$

[ARMA(1, 1) 모형]

$$X(t) = a_1{}^* X(t-1) + a_2{}^* X(t-2) + b_1{}^* e(t-1) + b_2{}^* e(t-2) + c + u^* e(t)$$

[ARMA(2, 2) 모형]

ARIMA(Autoregressive Integrated Moving Average) 모형

ARMA 모형이 과거의 데이터를 사용하는 것과는 달리 ARIMA 모형은 과거의 데이터가 지니고 있던 추세[Momentum]까지 반영하게 된다. 즉, 상관관계[Correlation]뿐 아니라 공적분관계[Cointegration]까지 고려한 모델이다.

Correlation은 데이터 간의 선형관계를 설명하는 것이라면 Cointegration은 추세를 나타내는 것이다. Cointegration은 시점이 고려되지 않으면 성립되지 않으므로 시계열 데이터에서만 쓰이는 개념이다.

선형 관계

두 변수 X-Y 간에 correlation이 0보다 크면 X가 큰 값이 나올 때 Y값도 큰 값을 가지며 correlation이 0보다 작으면 X가 큰 값이 나올 때 Y는 작은 값을 가진다.

추세 관계

두 변수 X-Y간에 cointegration이 0보다 크면 X의 이전 값보다 증가하면 Y값도 증가하며 cointegration이 0보다 작으면 X의 값이 이전 값보다 증가하면 Y값은 감소한다. 가장 단순한 ARIMA(1,1,1) 모형은 아래와 같다. X의 추세는 이전의 X값과 이전의 white noise의 결과의 영향을 두 번째 식과 같이 표현하면 ARMA(1,1)과 비슷하기 때문에 사실상 잘 쓰이지 않는다.

$$a^*\{X(t)-X(t-1)\}=\{b^*X(t-1)\}+\{c^*e(t-1)\}+d+u^*e(t)$$

$$X(t)=[X(t-1)+\{b^*X(t-1)\}+\{c^*e(t-1)\}+d+u^*e(t)]/a$$

[ARIMA(1,1,1) 모형]

좀 더 복합한 모델인 ARIMA(1,2,1) 모형은 아래와 같다. 두 번째 식과 같이 표현하면 ARMA(1,2)와 비슷한 형태를 모인다.

$$a^*[\{X(t)-X(t-1)\}-\{X(t-1)-X(t-2)\}]$$
$$=\{b^*X(t-1)\}+\{c^*e(t-1)\}+d+u^*e(t)$$

$$X(t)=(2+b/a)^*X(t-1)+X(t-2)+(c/a)^*e(t-1)$$
$$+(d/a)+(u/a)^*e(t)$$

[ARIMA(1,2,1) 모형]

딥러닝 모델*

앞장에서 본 컨볼루션 신경망의 경우 이미지 처리에 적합한 딥러닝 모델이다. 시계열 데이터를 처리하기에 적합한 딥러닝 모델도 있는데, 그 모델이 바로 순환신경망Recurrent Neural Network, RNN이다. 순환신경망의 경우 시계열 데이터 뿐 아니라 음성, 문자 등 순차적으로 등장하는 데이터인 sequence data에 적합한 모델이다. 순환신경망에 대해서 알아보고 순환신경망의 종류 중 하나인 LSTM과 GRU에 대해서 살펴보자.

순환신경망(RNN)

순환신경망은 아래 그림과 같이 출력이 다시 입력으로 들어가는 구조를 가지고 있다. Hidden layer의 출력이 다시 같은 hidden layer의 반복recurrent해서 입력되는 구조를 가졌기 때문에 순환신경망Recurrent Neural Network라고 부른다. 아래의 오른쪽 그림과 같이 시간축으로 펼치게 되면 하나의 네트워크가 여러 개 복사된 형태로 구성되어 있으며 각 네트워크는 다음 단계로 출력값을 넘겨주는 구조를 가지고 있다. 순서를 고려한 처리가 가능하므로 시계열 데이터, sequence data를 처리할 수 있는 모델이다. 하지만, 순환신경망의 경우 입력 데이터의 거리가 멀어질수록 그 정보를 연결하기 어려운 장기 의존성Long-Term Dependency의 문제를 가지고 있다. 예를 들어, 문장에서 다음 단어를 예측하기 위해 앞의 단어들을 참고하게 된다. 가령, "the clouds are in the sky"라는 문장에서 sky를 예측하기 위한 단어는 가까이 있기 때문에 문제가 생기지 않는다. 하지만, "I grew up in France... I speak fluent French"에서 French라는 단어를 예측하기 위해서는 이전의

* https://m.blog.naver.com/PostView.nhn?blogId=magnking&logNo=221311273459&proxyReferer=https%3A%2F%2Fwww.google.com%2F

문장의 France의 영향을 받아야 한다. 이 단어의 거리가 먼 경우 순환신경망이 이를 예측하는데 어려움이 있다. 이러한 문제를 해결하기 위해 나온 것이 LSTM^Long Short Term Memory^이다.

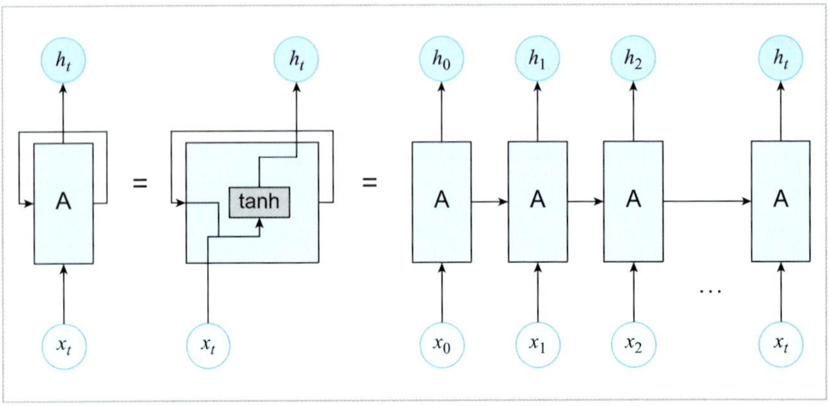

RNN의 구조

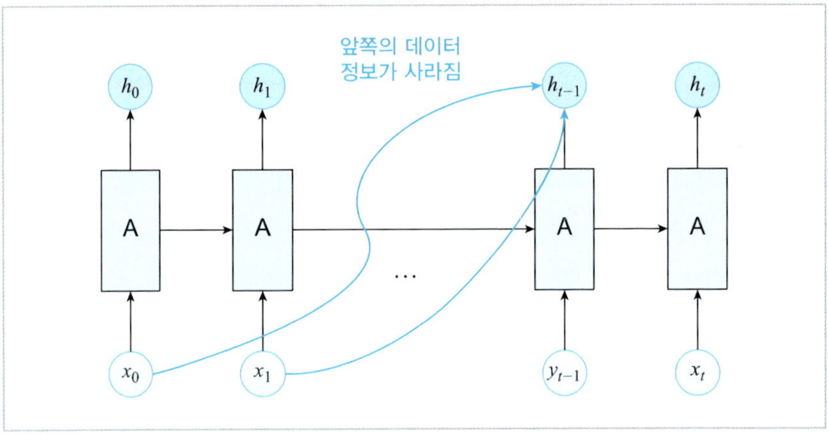

장기의존성 문제*

* https://excelsior.cjh.tistory.com/185

LSTM(Long Short Term Memory)

순환신경망의 구조를 자세히 살펴보면 아래 그림과 같이 tanh(쌍곡선) 함수가 반복적으로 연결된 간단한 형태인 것을 볼 수 있다. 이러한 모듈은 입력의 거리가 멀어질수록 영향이 줄어드는 문제가 발생한다.

LSTM의 경우 RNN과는 달리 복잡한 구조를 가지고 있다. 간단히 설명하자면 과거의 출력값이 그대로 더해지거나 곱해져 과거의 값이 좀 더 큰 영향을 미칠 수 있도록 한 것이다. 아래와 같이 3개의 gate controller로 나뉘고 각 모듈에서 데이터가 진행될지 삭제할지 결정한다.

- forget gate : f_t에 의해 제어되며 장기 상태 C_t의 어느 부분을 삭제할지 제어

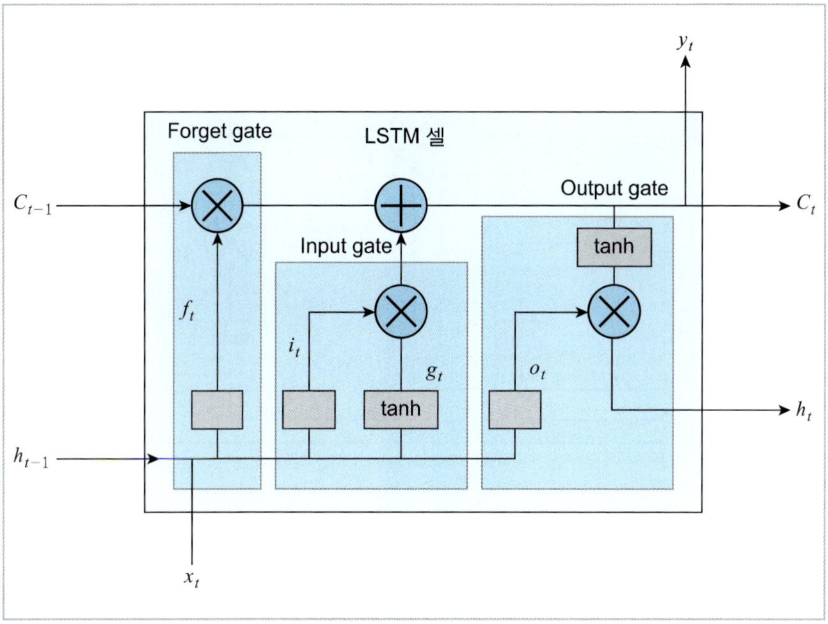

LSTM의 구조

- input gate : i_t에 의해 제어되며 g_t의 어느 부분이 장기 상태 C_t에 더해져야 하는지 제어
- output gate : o_t는 장기 상태 c_t의 어느 부분을 읽어서 h_t와 y_t로 출력해야 하는지 제어

GRU

앞에서 본 것과 같이 LSTM은 복잡한 구조를 가진다. 구조를 간소화한 것이 GRU이다. LSTM의 장점을 유지하면서 계산량을 줄였기 때문에 더 빠른 속도를 보이는 장점이 있다.

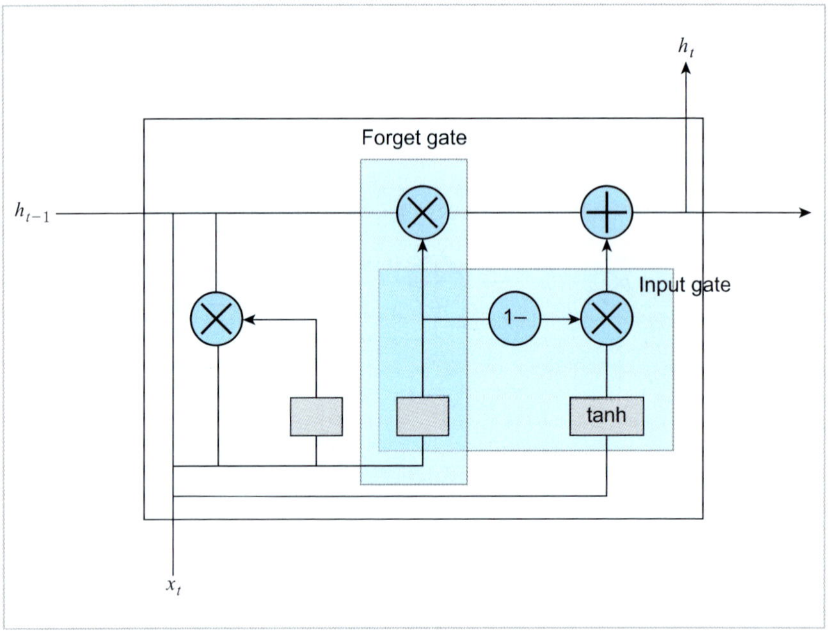

GRU 구조

[예제] 시계열 데이터 예측

환경 및 필요 패키지 불러오기

파이썬과 케라스를 사용하였으며 자세한 버전은 아래와 같다. 코드는 Jupyter notebook에서 실행하였다.

```
- python 3.6
- keras 2.2.4
```

```
import numpy as np
import pandas as pd
import matplotlib.pyplot as plt
import warnings
from keras.layers import LSTM, Dropout
from keras.models import Sequential
from keras.layers import Dense
import keras.backend as K
from keras.callbacks import EarlyStopping
from keras.optimizers import Adam
import os
from statsmodels.tsa.ar_model import AR, ARMA, ARIMA
```

데이터 설명

이번 예제에서는 지능형 디지털발전소에서 수집된 시계열 센싱 데이터를 사용하여 학습하고, 예측해 보도록 하겠다. 시계열 데이터는 "IDPP.csv" 파일의 "VALUE" 값에 해당한다. 해당 csv 파일을 불러와 데이터를 그래프로 그려보자.

코드 1.1 그래프 그리기

```
import pandas
import numpy as np
import matplotlib.pyplot as plt

df = pd.read_csv("data/IDPP.csv") # 데이터 경로
x = np.arange(len(df['VALUE']))
plt.plot(x, df['VALUE'])
```

→ 출력값

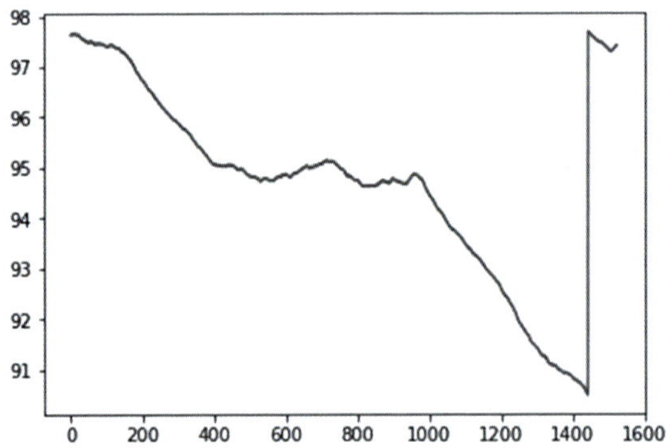

자기회귀 기반(AR 모형) 예측모델

파이썬 라이브러리 중 "statsmodels"에서 제공하는 자기회귀 모형을 사용하여 예측해 보도록 하자.

코드 1.2 AR 모형 기반 예측모델

```
from statsmodels.tsa.ar_model import AR
from math import sqrt
from sklearn.metrics import mean_squared_error

def plotAR(series) :

    # 학습데이터, 시험데이터 나누기
    train_size = 100
    train, test = df_sorted['VALUE'][0:train_size].values, df_sorted['VALUE']
                  [train_size:].values
    # AR 모델 학습
    AR_model = AR(train)
    model_fit = AR_model.fit()
    window = model_fit.k_ar
    coef = model_fit.params

    history = train[len(train)-window:]
    history = [history[i] for i in range(len(history))]
    predictions = list()


    for t in range(len(test)):
        lag = [history[i] for i in range(len(history)-window, len(history))]
        yhat = coef[0]
        for d in range(window):
            yhat += coef[d+1] * lag[window-d-1]
        obs = test[t]
        predictions.append(yhat)
        history.append(obs)

    plt.figure(figsize=(15,5))
    plt.title("Autoregression\nwindow size = {}".format(window))
```

```
    plt.plot(np.arange(len(predictions)), predictions, "g", label="Prediction")

    plt.plot(np.arange(len(test)), test, label="Actual values")
    plt.legend(loc="upper left")
    plt.grid(True)

x = df_sorted['VALUE'].copy()
plotAR(x)
```

→ 출력값

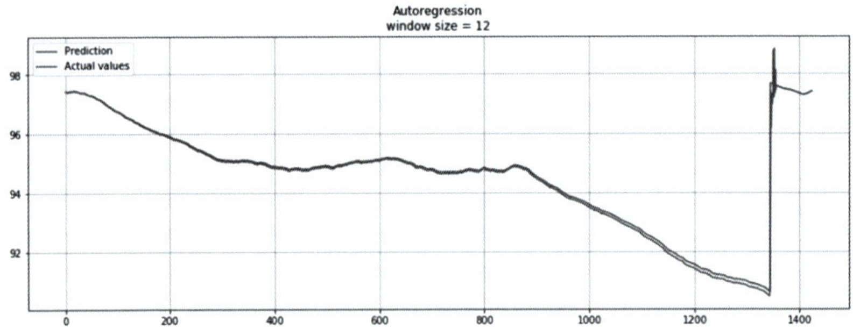

이동평균 기반(MA 모형) 예측 모델

코드 1.3 MA 모형 기반 예측 모델

```
def plotMovingAverage(series, window, scale=1.96):
    """
        series - DATAFRAME
        window - 윈도우 사이즈

    """
    rolling_mean = series.rolling(window=window).mean()
    plt.figure(figsize=(15,5))
```

```
    plt.title("Moving average\n window size = {}".format(window))
    plt.plot(np.arange(len(df['VALUE'])),rolling_mean, "g", label="Rolling
            mean trend")
    plt.plot(np.arange(len(df['VALUE'])-window), series[window:], label=
            "Actual values")
    plt.legend(loc="upper left")
    plt.grid(True)
x = df['VALUE'].copy()

plotMovingAverage(x, 4)
plotMovingAverage(x, 12)
```

→ 출력값

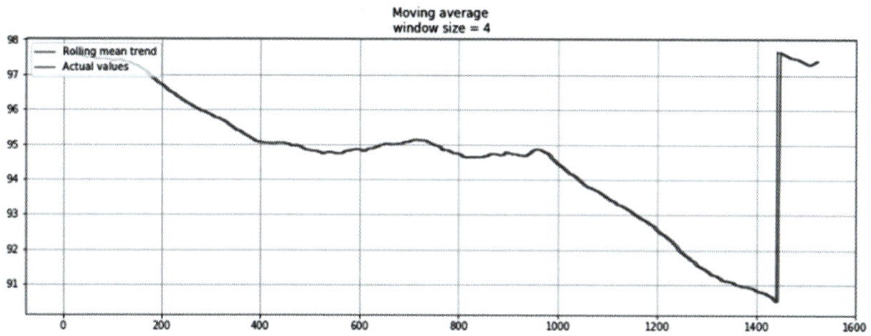

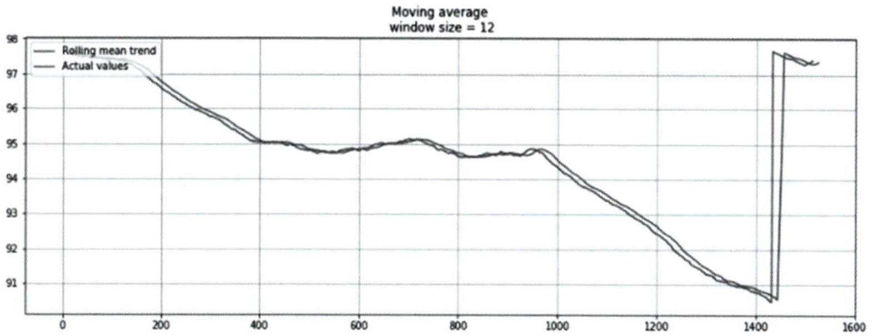

딥러닝 모델(LSTM) 기반 예측 모델

코드 5.1 시계열 데이터 생성 : 6단계 전의 데이터~24단계 전의 데이터

```
data2 = pd.DataFrame(df_sorted['VALUE'].copy())
data2.columns = ["y"]
# 계측값에 6~24까지의 LAG 적용(6단계 전의 데이터 ~ 24단계 전의 데이터)
for i in range(6, 25):
    data2["lag_{}".format(i)] = data2.y.shift(i)
data2.tail(7)
```

→ 출력값

	y	lag_6	lag_7	lag_8	lag_9	lag_10	···	lag_20	lag_21	lag_22	lag_23	lag_24
1518	97.35605	97.31351	97.31351	97.29932	97.29932	97.28514		97.35605	97.35605	97.37022	97.37022	97.38440
1519	97.37022	97.32768	97.31351	97.31351	97.29932	97.29932		97.34187	97.35605	97.35605	97.37022	97.37022
1520	97.37022	97.32768	97.32768	97.31351	97.31351	97.29932		97.34187	97.34187	97.35605	97.35605	97.37022
1521	97.39859	97.34187	97.32768	97.32768	97.31351	97.31351		97.32768	97.34187	97.34187	97.35605	97.35605
1522	97.39859	97.34187	97.34187	97.32768	97.32768	97.31351		97.32768	97.32768	97.34187	97.34187	97.35605
1523	97.41277	97.35605	97.34187	97.34187	97.32768	97.32768		97.31351	97.32768	97.32768	97.34187	97.34187
1524	97.41277	97.35605	97.35605	97.34187	97.34187	97.32768		97.31351	97.31351	97.32768	97.32768	97.34187

코드 5.2

```
def timeseries_train_test_split(X, y, test_size):
    """
        Perform train-test split with respect to time series structure
    """

    # get the index after which test set starts
    test_index = int(len(X)*(1-test_size))

    X_train = X.iloc[:test_index]
    y_train = y.iloc[:test_index]
    X_test = X.iloc[test_index:]
    y_test = y.iloc[test_index:]

    return X_train, X_test, y_train, y_test
```

```
y2 = data2.dropna().y
X2 = data2.dropna().drop(['y'], axis=1)

# 30%를 테스트셋으로 사용
X_train2, X_test2, y_train2, y_test2 = timeseries_train_test_split(X2, y2,
test_size=0.3)

X_train2 = X_train2.values
X_train2 = X_train2.reshape(X_train2.shape[0], X_train2.shape[1], 1)
X_test2 = X_test2.values
X_test2 = X_test2.reshape(X_test2.shape[0], X_test2.shape[1], 1)
```

코드 5.3 LSTM 모델 생성

```
model = Sequential()
model.add(LSTM(1024, input_shape = (19 ,1))) # input size = 19
model.add(Dense(1024))
model.add(Dense(512))
model.add(Dense(256))
model.add(Dense(1)) # output size = 1

model.compile(loss='mean_squared_error', optimizer=Adam(lr=0.0000005))

model.summary()
```

→ 출력값

```
Layer (type)                 Output Shape              Param #
=================================================================
lstm_1 (LSTM)                (None, 1024)              4202496
_________________________________________________________________
dense_1 (Dense)              (None, 1024)              1049600
_________________________________________________________________
dense_2 (Dense)              (None, 512)               524800
_________________________________________________________________
dense_3 (Dense)              (None, 256)               131328
_________________________________________________________________
dense_4 (Dense)              (None, 1)                 257
=================================================================
Total params: 5,908,481
Trainable params: 5,908,481
Non-trainable params: 0
_________________________________________________________________
```

코드 5.4 모델 학습 : 오버피팅을 막기 위해 학습조기종료를 사용하였다. patience를 10으로 주어 10 에폭까지 손실값이 줄어들지 않으면 학습을 종료하였다.

```
early_stop = EarlyStopping(monitor='loss', patience=10, verbose=1)
model.fit(X_train2, y_train2, epochs=5000, batch_size=100,
callbacks=[early_stop])
```

→ 출력값

```
Epoch 1/5000
1050/1050 [==============================] - 12s 11ms/step - loss: 9324.6674
Epoch 2/5000
1050/1050 [==============================] - 9s 9ms/step - loss: 9284.7853
Epoch 3/5000
1050/1050 [==============================] - 9s 9ms/step - loss: 9244.9787
Epoch 4/5000
1050/1050 [==============================] - 8s 8ms/step - loss: 9205.2973
Epoch 5/5000
1050/1050 [==============================] - 9s 8ms/step - loss: 9165.6492
```

코드 5.5 시험데이터에 대한 예측값 출력

```
def plotModelResults2(model, X_train, X_test, y_train, y_test):
    prediction = model.predict(X_test)

    prediction = prediction.reshape(prediction.shape[0], )

    print("y_prediction shape : ", prediction.shape)

    plt.figure(figsize=(15, 7))
    plt.plot(prediction, "g", label="prediction", linewidth=2.0)
    plt.plot(y_test.values, label="actual", linewidth=2.0)

    X_train = X_train.reshape(X_train.shape[0], X_train.shape[1])
    X_test = X_test.reshape(X_test.shape[0], X_test.shape[1])

#     error = mean_absolute_percentage_error(prediction, y_test)
    plt.title("LSTM model")
    plt.legend(loc="best")
```

```
    plt.tight_layout()
    plt.grid(True);

plotModelResults2(model,
                  X_train=X_train2,
                  X_test=X_test2,
                  y_train=y_train2,
                  y_test=y_test2)
```

→ 출력값

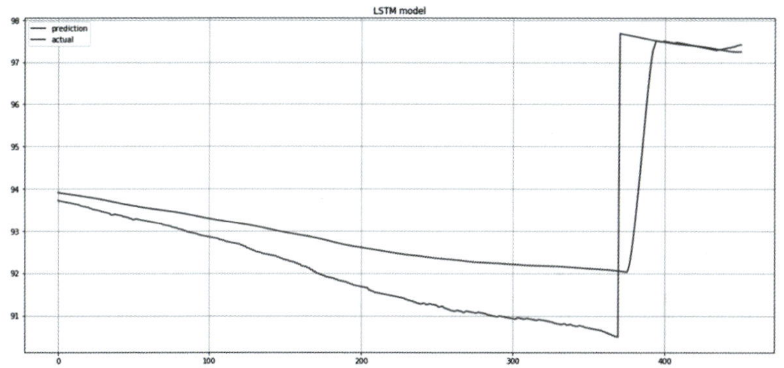

지능형 디지털발전소 시계열 데이터를 사용하여 값을 예측해 보았다. 예측값 그래프에서 보았듯이 전통적인 모델인 자기회귀 모형과 이동평균 모형에 비해 딥러닝 모델의 성능이 떨어진다는 것을 볼 수 있다. 딥러닝 모델의 경우 데이터의 수가 많을 때 좋은 성능을 보이기 때문이다. 이렇듯 항상 딥러닝 모델이 좋은 성능을 보이는 것은 아니기 때문에 간단한 모델부터 적용해 보는 것이 좋을 것이다.

3 자연어처리 분야*

일반 사람들에게 '자연어 처리가 무엇일까요?'라고 물었을 때 자연어 처리가 무엇인지 알고 있거나 혹은 어떤 것인지 설명할 수 있는 사람이 얼마나 있을까. AI, IT, 데이터 과학 관련 분야에 일하지 않는 이상 자연어처리가 무엇인지 대부분 알지 못할 것이다. 그러나 챗봇, 인공지능 스피커, 네이버 검색을 아냐고 물어본다면 대부분의 사람은 알고 있다고 대답할 것이다. 자연어처리는 위에서 말한 어플리케이션의 기저 기술로서 우리 일상 생활 곳곳에서 활용되고 있으며 많은 연구소와 기업에서 이와 관련된 연구를 진행 중이다.

前 Chapter에서 간단히 언급하였지만, 은행, 여행사 등에서 앱에서 실시하고 있는 챗봇 서비스도 자연어처리 기술을 기반으로 한다. 사용자가 입력하는 말을 컴퓨터가 이해하고 가장 적합한 답변을 찾아 주는 기술도 자연어 처리 기술이 사용된다.

Microsoft OS에는 자연스러운 음성을 인식할 수 있는 Cortana라는 서비스가 있다. 미리 알림을 설정하고, 앱을 열고, 이메일을 보내고, 게임을 하고, 항공편과 패키지를 추적하고, 날씨를 확인하는 등의 작업을 할 수 있는데, 음성을 이해하고 응답하는데 자연어 처리 기술이 사용된다. Siri는 Apple Inc.의 iOS, watchOS, macOS에서 사용되는 음성 지원 비서 서비스다. 음

* https://towardsdatascience.com/introduction-to-natural-language-processing-for-text-df845750fb63

성 명령으로 많은 일을 할 수 있는데, 전화를 걸거나, 문자를 보내거나, 이메일을 보내고, 타이머를 설정하고, 사진을 찍고, 앱을 열고, 알람을 설정하고, 내비게이션을 사용할 수 있다. Siri뿐만 아니라 요즘 인기가 많은 카카오 스피커, 네이버 스피커와 같은 인공지능 지능 스피커 또한 자연어처리가 핵심 기술로 사용되고 있다.

Google이 개발한 이메일 서비스인 Gmail은 스팸 검색을 사용하여 일부 스팸 이메일을 걸러낸다. 여기서 사용되는 스팸 필터링 기술도 스팸 메일의 내용을 이해하고 특성을 파악하는 자연어처리 기술이 기반이 된다.

자연어란 인간이 사용하는 언어를 말한다. 자연어 처리는 인간의 언어를 처리Processing하는데 그 목적을 컴퓨터가 인간의 언어, 즉 자연어를 이해하고 분석 가능하도록 작업하는 것을 의미한다. '컴퓨터에게 인간의 언어를 어떻게 잘 이해시킬까'가 자연어 처리 기술의 핵심이며, 컴퓨터에게 인간의 언어를 잘 이해시켜서 컴퓨터가 인간이 원하는 답을 정확히 얻는 것이 뛰어난 자연어 처리 기술이다. 챗봇, 검색 등 어플리케이션에 적합한 자연어처리 기술을 개발하고 사용한다면 뛰어난 성능의 챗봇, 검색 등 어플리케이션을 만들 수 있다.

'컴퓨터가 인간의 언어를 이해하도록 한다.'라는 말은 쉽지만, 그 과정은 생각만큼 쉽지 않다. 인간과 달리 컴퓨터는 모든 값을 0과 1로만 입력 받고, 처리하고, 출력한다. 우리가 컴퓨터를 통해서 입력하는 텍스트는 모두 컴퓨터가 0과 1로 변환하여 입력받고 처리한 뒤, 다시 변환하여 출력해준다. 텍스트 인코딩 방식 중 유니코드와 아스키 코드 방식이 인간의 언어를 컴퓨터가 이해할 수 있도록 0과 1로 바꿔주는 대표적인 방법이다. 그렇다면 이와 같은 방법으로 자연어를 변환한 다음, 컴퓨터가 그 값을 비교하고 처리하여 검색 시스템을 만들 수 있을까?

유니코드 혹은 아스키 코드와 같은 기존의 방식을 통하여 0과 1로 변환된 자연어는 문맥, 의미 유사성 등 자연어일 때의 어떠한 속성도 가지고 있지 않다. 예를 들어, '고양이', '강아지', '귤'을 유니코드 방식으로 변환시킨 후 어떠한 방법으로도 세 가지 중에 다른 범주에 속하는 하나를 구분해 낼 수가 없다. 왜냐하면 유니코드로 변환된 고양이와 강아지 텍스트는 어떠한 유사성이 없기 때문이다. 따라서 텍스트를 기계가 이해할 수 있으면서 자연어의 특성(문맥, 의미 유사성)을 포함하는 방식으로 변환시킨다면 훌륭한 성능을 자랑하는 어플리케이션을 만들 수 있는 기반이 될 것이다.

이런 질문의 답을 찾는 것이 워드 임베딩[Word Embedding] 분야다. 텍스트를 자연어처리를 위한 모델에 적용할 수 있게 언어적인 특성을 반영한 벡터로 수치화하는 것을 워드 임베딩이라 부른다.

워드 임베딩은 크게 카운트 기반과 예측 기반 크게 두 가지로 구분이 가능하다. 카운트 기반 방식에서 예측 기반 방식으로 발전해 왔으며, 둘을 조합하여 사용하는 방식도 개발되어 사용 중이다.

단어표현 기법

Traditional Word Vectors

Bag of Words(BoW)*

Bag of Words[BoW] 벡터 표현은 가장 일반적으로 사용되는 전통적인 벡터 표현이다.

* https://towardsdatascience.com/understanding-feature-engineering-part-4-deep-learning-methods-for-text-data-96c44370bbfa

한국말로 직역한다면 단어가 들어 있는 가방이란 뜻이다. 즉, 문서나 문장에 사용되는 단어를 하나의 가방에 넣기 때문에, 문서에 등장하는 단어의 순서는 무시되고, 해당 단어가 몇 개 있는지만 알 수 있다. Bag of Words는 셋Set의 특성을 가진다고 할 수 있다. 예를 들어 단어의 출현 수만이 텍스트 기반의 문서를 표현하는데 사용된다. 예를 들어, "옆집 고양이보다 우리 집 고양이가 더 예쁘다"라는 문장이 있다고 한다면, {"옆":1, "집":2, "고양이":2, "보다":1, "우리":1, "가":1, "더":1, "예쁘다":1}와 같이 Bag of Words 형식으로 표현될 수 있다. 불용어Stop words와 조사 등을 제거한다면, Bag of Words를 통하여 텍스트의 키워드를 추출하고 그를 기반으로 텍스트의 특성을 반영하여 표현할 수 있다. 그러나 앞서 말한 것처럼 어순, 문맥을 무시하고 단어의 출현 빈도로만 텍스트를 표현하기에 복잡한 텍스트의 특성을 파악할 수 없으며, 주어진 단어의 의미와 관련하여 어떤 정보도 인코딩하지 않는다는 것이다. Bag of Words는 텍스트 전반의 특성을 파악하는 용도로만 사용될 수 있다.

One-hot 인코딩

One-hot 인코딩은 단어를 표현하는 가장 기본적인 방법이다. 사전에 선정한 단어 리스트를 하나의 벡터로 표현한다. 각 단어는 벡터의 하나의 차원을 의미하며, 벡터의 해당 차원의 값이 1이면 해당 단어이며, 0이면 해당 단어가 아니라는 의미이다. 다시 말해 One-hot 인코딩을 통해 생성된 단어 벡터의 값 가운데 하나만 1이라는 값을 가지고 나머지는 모두 0을 값으로 가진다. 즉, 1이라는 값은 해당 단어가 어떤 단어인지 알려주는 역할을 하는 것이다. One-hot 인코딩 방식은 분류Classification 문제를 해결하기 위한 딥러닝 모델의 마지막 레이어에서도 많이 사용되는 방식으로, 방법 자체가 간단하고 이해하기 쉽다는 장점으로 인하여 많이 사용되고 있다. 그러나 분류 문제의 경우 분류할 경우가 적으면 10개, 많게는 1,000개로 One-hot 인코딩으로 생성한 벡터의 사이즈가 매우 작다. 그러나 자연어 처리를 하다보면 단어의 수가 수십만 개에서 수백만 개에 이르게 된다. 수십만 개에서 수백만 개의 단어를 One-hot 인코딩 방식으로 벡터를 만든다면 벡터의 크기가 지나치게 커지게 되어 비효율적이게 된다. 또한 벡터의 차원이 커짐에 따라서 차원의 저주Curse of Dimensionality의 문제점으로 인하여 생성된 벡터를 입력값으로 기계학습 모델을 학습하거나 벡터를 이용한 통계적 분석을 했을 때도 유의미한 결과를 찾아내기가 힘들다. One-hot 인코딩 방식은 이와 같이 자연어처리 분야에서 사용할 때는 희소 벡터Sparse Vector로 인한 문제점을 가진다. 또한 단어 벡터가 Bag of Words와 같이 단어의 의미나 특성을 전혀 표현할 수 없다는 문제를 가진다.

	전기	태양광	신재생	원자력	화력	수력
전기	1	0	0	0	0	0
태양광	0	1	0	0	0	0
신재생	0	0	1	0	0	0
원자력	0	0	0	1	0	0

TF-IDF 벡터

TF-IDF 벡터는 TF-IDF를 바탕으로 단어를 표현하는 벡터를 만드는 기법이다. 그렇다면 먼저 TF-IDF가 무엇인지 알아야 한다. TF-IDF를 풀어서 쓰면, Term Frequency-Inverse Document Frequency이다. TFTerm Frequency는 특정 단어가 하나의 텍스트 데이터에 등장하는 횟수를 의미한다. DFDocument Frequency는 단어의 문서 빈도값으로 특정 단어가 여러 문서에

얼마나 자주 등장하는지를 나타낸다. IDF(Inverse Document Frequency)는 DF의 역수로, 특정 단어가 다른 문서에 등장하지 않을수록 큰 값을 가진다. TF-IDF는 TF 값과 IDF 값을 곱한 값으로 해당 단어가 특정 문서에만 자주 등장할수록 높은 값을 가지게 된다. 특히 조사의 경우 TF는 큰 값을 가지지만 IDF 값은 작으므로 TF-IDF는 작은 값을 가진다. 따라서 TF-IDF를 통하여 중요한 단어를 찾아낼 수 있어서 One-hot 인코딩이 가진 문제점을 해결할 수 있다.

전통적인 워드 임베딩의 단점

앞서 언급했던 Bag of Words, One-hot 인코딩, TF-IDF 인코딩 방식과 같은 전통적인 워드 임베딩 방식은 간편하고 직관적이며 텍스트로부터 특징을 추출하기 위한 효과적인 방법이지만, 모델의 본질적 특성을 구조화하지 않기 때문에, 각 텍스트 문서에서 주변 단어와의 관계, 단어의 의미, 구조, 연속성 및 문맥과 같은 추가 정보를 잃어 버리게 된다. 이와 같은 단점으로 인하여 텍스트 정보를 포착할 수 있는 좀 더 정교한 자연어 처리 방법을 탐구하고, 그 결과 새로운 임베딩 방법이 나오게 된 계기가 되었다.

예측 기반 단어 표현 기법*

Distributed Embedding

Distributed Embedding 방법은 "근접하게 위치한 단어들 간에는 비슷한

* https://towardsdatascience.com/understanding-feature-engineering-part-4-deep-learning-methods-for-text-data-96c44370bbfa
https://towardsdatascience.com/introduction-to-word-embedding-and-word2vec-652d0c2060fa

의미를 가진다"라는 가정을 기반으로 한다. 예를 들어, '한국전력공사'라는 단어 근처에 '전기', '품질', '공기업'이라는 단어가 주로 함께 쓰이는데, 함께 주로 쓰이는 단어를 의미적으로 비슷한 단어라고 표현한다. 즉, Distributed Embedding 방식은 단어 벡터가 상황, 구분별로 캡슐화 한다고 말할 수 있다. 각 단어의 벡터는 다른 단어와 함께 가지고 있는 상호 정보를 기반으로 동일한 벡터 차원을 공유한다.

단어의 의미를 One-hot 인코딩 방식과 같이 하나의 차원에만 표현하는 것이 아니라, 벡터의 여러 차원에 분산하여 표현한다. Distributed Embedding을 이용하게 되면 워드 임베딩 벡터의 사이즈를 줄일 수 있을 뿐만 아니라, 문맥, 어순, 단어 간의 상관관계도 포함하기 때문에 단어 간에 유사도 비교도 가능하다.

단어의 개수가 10,000개인 문서를 코퍼스로 하여 Word Embedding을 표현할 경우, One-hot Encoding의 경우, 10,000차원의 벡터가 생성이 되고, Distributed Embedding의 경우(벡터 사이즈를 200으로 설정)는 200차원인 벡터가 생성이 된다. One-hot Encoding 방식의 경우, 특성상 단어 간 유사도 비교를 할 수 없지만, 비교 작업을 한다고 했을 때는 $n(n-1)/2$ $=10,000*9,999/2$ 횟수만큼 연산이 일어난다. 그에 비하여, Distributed Embedding의 경우는, 실제 단어의 의미를 여러 차원에 분산하여 표현하기 때문에 단어 간 유사도 비교가 가능하다. Distributed Embedding의 경우, 200*199/2 만큼의 연산만이 필요하다. 표현해야 하는 단어수가 많을수록, 단어 표현을 통한 연산이 복잡할수록, Distributed Embedding 방식이 필수적이다. Distributed Embedding을 기반으로 한 Word2Vec 방식이 현재는 많이 사용되고 있다. 다음으로는 Word2Vec의 개념과 실제 많이 사용되는 Word2Vec 알고리즘에 대해서 알아보자.

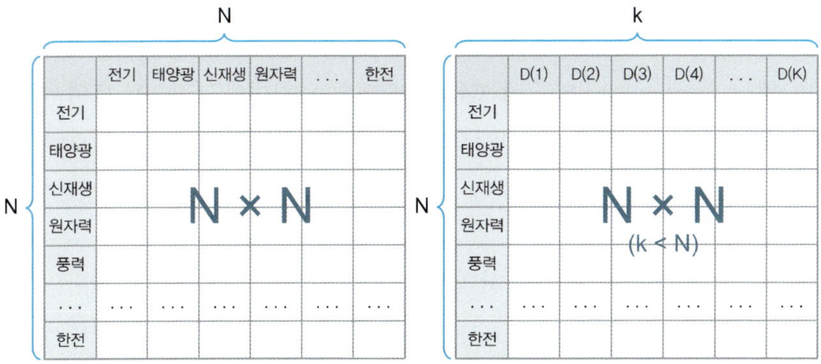

Word2Vec 모델

Word2Vec 모델은 Google에서 2013년에 발표한 워드 임베딩 모델로서 예측 학습을 기반으로 하여 단어 표현 벡터에 문맥 및 단어 간 의미 유사성을 포함시킨 워드 임베딩 모델이다. 단어의 개수만큼 벡터의 크기가 증가하는 Bag of Words와는 달리 Word2Vec의 경우 생성되는 벡터의 크기를 조절할 수 있다. 단어 수 만큼 벡터의 크기가 증가하고 새로운 단어가 들어올 때마다 벡터를 바꿔야 하는 Bag of Words의 비효율성을 해결하기 위하여, Word2Vec의 벡터 크기는 Bag of Words 벡터의 크기보다 작게 설정된다. Word2Vec의 벡터의 크기가 포함하고자 하는 단어의 수보다 작다면 어떻게 표현할 수 있을까. 앞서 설명한 Distributed Embedding이라는 기술이 Word2Vec의 기저가 된다.

Word2Vec 방식에는 크게 CBOW 방식과 Skip-gram 방식 2가지 아키텍처가 있다. 각 방식은 단어를 Distributed Embedding의 일환으로 단어 수보다 적은 크기의 벡터를 생성하는 것은 동일하지만, 벡터를 학습Training하는 방식에서 차이를 보인다.

CBOW(Continuous Bag of Words)

CBOW는 Continuous Bag of Words 모델의 약자이다. CBOW 모델 아키텍처는 어떤 단어를 문맥 안의 주변 단어를 통해 예측하는 방법을 통하여 단어 임베딩 모델을 학습한다.

1. 각 주변 단어들을 원-핫벡터로 만들어 입력 값으로 사용한다(입력층 벡터).
2. 가중치행렬을 각 원-핫 벡터에 곱해서 n-차원 벡터를 만든다(은닉층).
3. 만들어진 n차원 벡터를 모두 더한 후 개수로 나눠 평균 n차원 벡터를 만든다(출력층 벡터).
4. n차원 벡터에 다시 가중치 행렬을 곱해서 원-핫 벡터와 같은 차원의 벡터로 만든다.
5. 만들어진 벡터를 실제 예측하려고 하는 단어의 원-핫 벡터와 비교해서 학습한다.
6. 실제 단어의 임베딩 벡터는 은닉층 n-차원 벡터의 결과를 나타낸다.

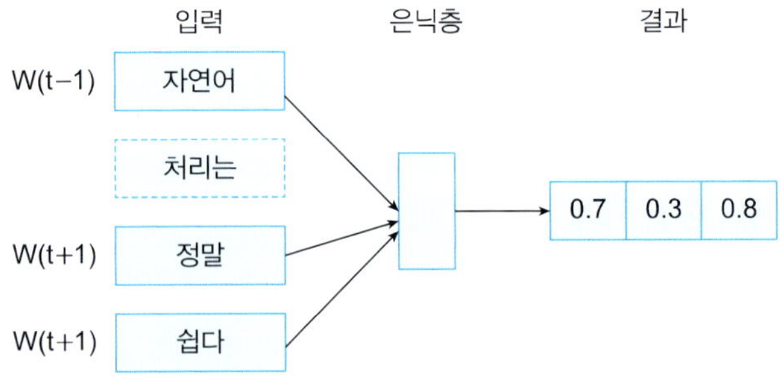

Skip-gram

Skip-gram은 어떤 단어를 가지고 특정 문맥 안의 주변 단어들을 예측하는 방법이다.

1. 하나의 단어를 원-핫 벡터로 만들어 입력값으로 사용한다.
2. 가중치 행렬을 원-핫 벡터에 곱해서 n차원 벡터로 만든다.
3. n차원 벡터에 다시 가중치 행렬을 곱해서 원-핫 벡터와 같은 차원의 벡터를 만든다.
4. 만들어진 벡터를 실제 예측하려고 하는 주변 단어들의 원-핫 벡터와 비교해서 학습한다.

글로브

CBOW와 Skip-Gram은 주변의 단어들Local Context만 고려한다는 점에서 예측 기반 모델이다.

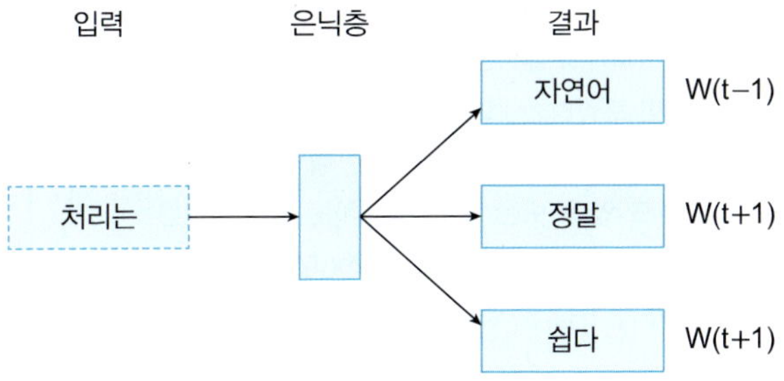

Word2Vec은 전체 단어들과의 유사도 관계 및 전체 텍스트에서 비중Global Context을 이용하지 않는다.

LSA[Latent Semantic Analysis]와 같은 카운트 기반의 전통적인 방법은 전체 코퍼스의 통계 정보를 효율적으로 활용하지만 주변 단어와의 관계를 포함하지 않기 때문에 의미론적으로 비슷한 단어를 발견하는 것과 같은 유추 작업에 상대적으로 적절하지 않다. CBOW와 skip-gram과 같은 Word2Vec 메소드는 유추 작업에서 더 잘할 수 있지만 전역 수준에서 코퍼스 통계를 제대로 활용하지 못하기 때문에 코퍼스 전체의 특성을 반영하지는 못한다.

Glove의 경우 Local context와 Global context를 모두 사용한다. Glove의 아이디어를 한 줄로 요약하면 '임베딩된 중심 단어와 주변 단어 벡터의 내적이 전체 코퍼스에서의 동시 등장 확률이 되도록 만드는 것'이다.

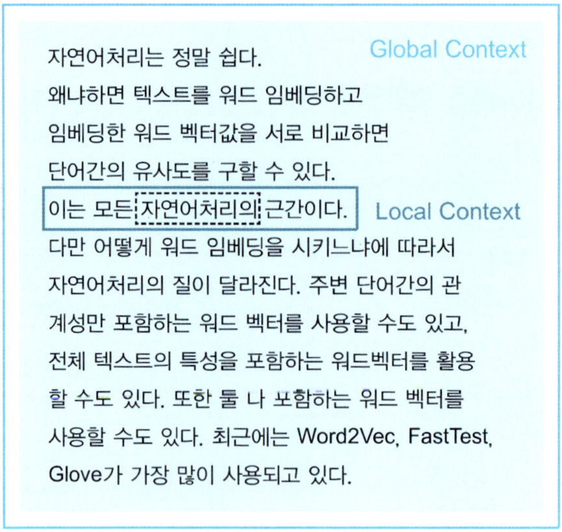

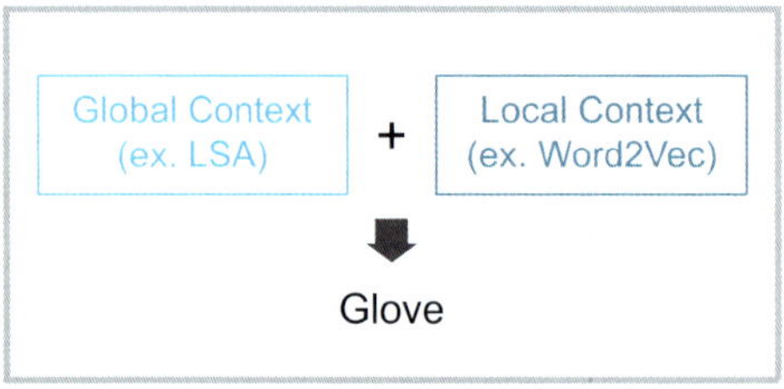

Local Context 관련 값(임베딩된 중심 단어와 주변 단어 벡터의 내적)과 Global Context(전체 코퍼스에서의 동시 등장 확률)을 같게 학습함으로써, Local Context와 Global Context 모두의 특성을 포함하는 임베딩 벡터를 생성할 수 있다.*

FastText**

FastText 모델은 Word2Vec 모델의 확장 및 개선을 목적으로 2016년 Facebook에서 처음 소개되었다. Word2Vec은 단어를 가장 작은 단위로 생각하고 단어 자체를 임베딩한 것과는 달리 FastText는 하나의 단어도 여러개로 나눌 수 있는 단위로 간주한다. 한글의 경우 "한국전력공사" 2글자 단위로 나눈다고 한다면, '한국', '국전', '전력', '력공', '공사'로 나눌 수 있다. 또한 자음과 모음 단위로 나눌 수도 있다. "ㅎ ㅏ ㄴ ㄱ ㅜ ㄱ ㅈ ㅓ ㄴ ㄹ ㅕ ㄱ ㄱ ㅗ ㅇ ㅅ ㅏ"로 분리할 수 있다. 자음과 모음으로 나누면 오타도 반영할 수 있는 장점이 있다. 이렇게 단어를 나눈 단위로 워드 임베딩 모델을 학습한다는 점에서 Word2Vec과 차이를 보인다. Word2Vec는 전체 코퍼스에서 단어의 등장 빈도에 따라서 임베딩 정확도가 달라진다. 고빈도의 단어는 정확하게 임베딩이 되지만, 저빈도의 단어는 임베딩이 정확히 되지 않는다. 이와 달리 FastText는 저빈도의 단어라고 할지라도 여러 개로 나눈 뒤 임베딩 모델을 학습하기 때문에 빈도수가 낮은 단어

* https://towardsdatascience.com/understanding-feature-engineering-part-4-deep-learning-methods-for-text-data-96c44370bbfa

** https://towardsdatascience.com/understanding-feature-engineering-part-4-deep-learning-methods-for-text-data-96c44370bbfa
https://towardsdatascience.com/beyond-word-embeddings-part-2-word-vectors-nlp-modeling-from-bow-to-bert-4ebd4711d0ec

에 대해 가지는 Word2Vec의 임베딩 정확도 문제를 해결할 수 있다.

FastText의 경우 영어뿐만 아니라 한국어 포함 157개의 언어에 대해서 단어 벡터와 사전학습된 FastText 모델을 제공하고 있다. 모든 단어 벡터는 위키피디아를 크롤링하여 수집하였다. FastText에서 제공하는 한국어 단어 벡터로 개인 노트북에서 FastText 모델을 2-3분 내외로 학습을 완료될 만큼 빠른 학습 속도를 제공한다.

그렇기에 학습 데이터에 빈도수가 적은 전문용어를 주로 사용하는 한국전력공사에서는 FastText 모델을 활용하는 것이 단기적으로 적합하다고 생각한다.

또한 학습 데이터에 빈도수가 적은 전문용어도 사용되는 경우가 빈번한 한국전력공사에서는 FastText 모델을 활용하는 것이 단기적으로는 적합하다고 생각한다.

단어간의 유사도 비교 방법*

유사도 측정은 두 데이터가 얼마나 유사한지를 측정하는 것을 의미한다. 데이터 마이닝에서 유사도는 데이터를 나타내는 벡터값 간의 차이를 의미한다. 벡터 값 간의 차이가 작으면 유사성이 크고, 차이가 크면 유사성이 작다고 할 수 있다.

* http://dataaspirant.com/2015/04/11/five-most-popular-similarity-measures-implementation-in-python/

유클리디안(Euclidean Distance) 거리

유클리디안 거리Euclidean Distance는 데이터 마이닝 분야에서 유사도를 구하는 가장 보편적인 방법 중 하나이다. 사람들이 보통 유사도를 구할 때 데이터의 거리 혹은 차이를 말할 때 대부분 유클리디안 거리를 기반으로 말한다. 유클리디안 거리는 두 점을 연결하는 경로의 길이이다. 초등학교 때 배운 피타고라스 정리를 통하여 쉽게 두 점 사이의 거리를 구할 수 있다. 아래 그림에서는 X와 Y, 2차원으로 표현된 점의 거리를 구하였다. 텍스트 마이닝 분야에서는 차원이 이보다 훨씬 큰데, 차원이 커도 아래 수식을 활용하여 유클리디안 거리를 구할 수 있다.

$$d(x,\ y) = \sqrt{(x_1 - y_1)^2 + (x_2 - y_2)^2 + \cdots + (x_n - y_n)^2}$$

where $x = (x_1,\ x_2,\ \cdots,\ x_n),\ y = (y_1,\ y_2,\ \cdots,\ y_n)$

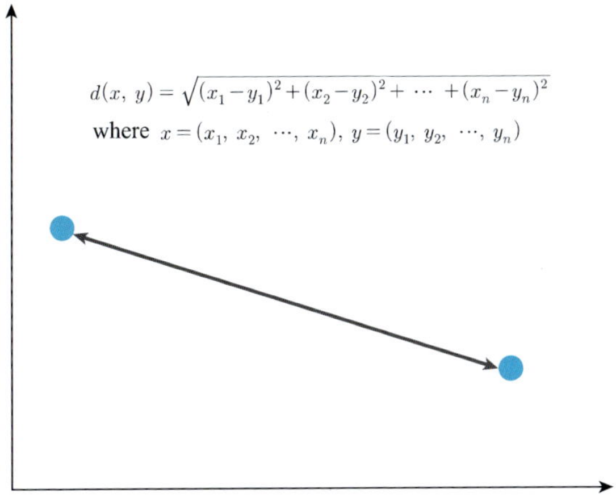

맨하탄 거리

맨하탄 거리는 두 점의 직교 좌표계Cartesian coordinates에서 각 차원에서 차이의 절대값의 합을 의미한다. 쉽게 말해서 아래 그림에서는 x축의 차이의 절대값과 y축에서 절대값의 차이를 의미한다. 미국 뉴욕 맨하탄에서 특정

지점에서 다른 지점으로 이동할 때 실제 이동하는 거리를 구하는 것과 유사하다고 해서 붙여진 이름이다. 그래서 맨하탄 거리를 L1 거리, 도시 블럭 거리, 택시 거리라고 부르기도 한다.

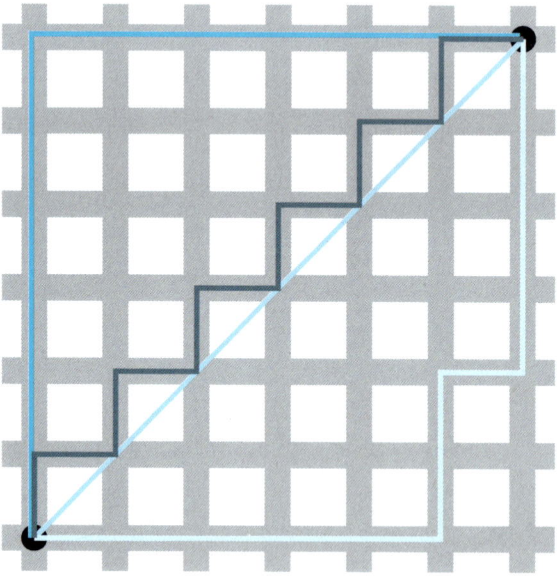

빨강, 파랑, 노랑 : 맨하탄 거리(12)
유클리디안 거리(8.48)

코사인(Cosine) 유사도*

코사인 유사도 측정 방식은 두 데이터 벡터값의 정규화된 내적을 통해 계산될 수 있다. 코사인 유사도를 사용하면 두 데이터 벡터값간의 코사인

* https://towardsdatascience.com/introduction-to-word-embeddings-4cf857b12edc
https://wikidocs.net/book/2155

Cosine 각도 값을 구할 수 있다. 코사인 값은 0과 1 사이이기 때문에, 특히 차원이 큰 벡터값을 다룰 때 매우 효율적이다. 데이터가 서로 유사하면 같은 방향을 가리킬 것이고, 유사하지 않으면 직교가 될 것이다. 또한 코사인 유사도는 각도를 구하는 것이기 때문에 방향성 개념이 포함된다.

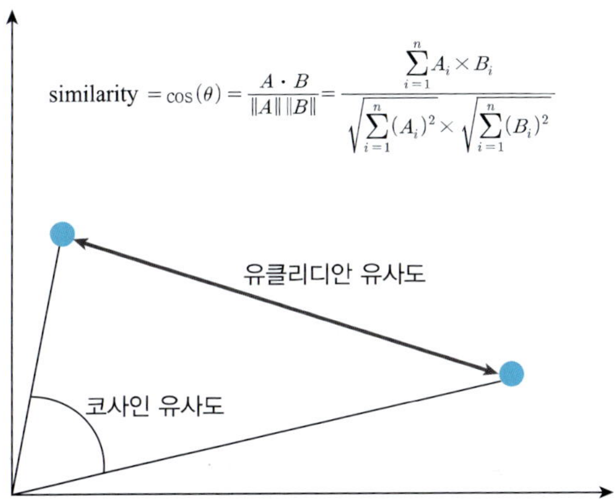

문서 토픽 추출 기법

LSA(Latent Semantic Analysis)

LSA(Latent Semantic Analysis)는 자연어 처리 기반의 Topic Modeling 분야 중 가장 기초 기술 중 하나이다. LSA의 핵심 아이디어는 문서와 단어로 구성된 행렬(Matrix) 즉, 행(Row)은 각 문서를, 열(Column)은 단어를 문서-토픽 행렬과 토픽-단어 행렬로 분리시키는 것이다. 행렬을 분리(Decomposing)하는 것을 행렬분해(Matrix Factorization)라고도 부른다.

먼저 문서-단어 행렬을 생성한다. 보통 행은 문서를, 열은 단어를 나타낸다. 행렬에서 각 값은 각 문서(행)에 해당 단어(열)의 출현 빈도수가 된다. 그러나 실제 LSA를 사용할 때는 TF-IDF 값을 주로 사용한다. 빈도수는 문서에서 단어의 중요성을 포함하고 있지 않기 때문이다. 예를 들어 영어의 경우 the, a와 같은 조사들의 빈도수가 크기 때문이다. 따라서 TF-IDF 값을 행렬 값으로 사용하면 단어의 중요도를 고려할 수 있다.

문서-용어 행렬에는 중요하지 않은 단어도 많이 포함되어 있기 때문에 행렬 자체가 희소Sparse하고, 포함하고 있는 데이터도 반복적이며 노이즈가 많다. 이러한 행렬에서 중요한 잠재되어 있는 토픽 정보를 알아내기 위해서는 행렬의 차원을 감소Dimension Reduction시켜야 한다. LSA는 Matrix Factorization 기술 중 하나인 SVDSingular Vector Decomposition를 통하여 차원 축소를 시행한다. 문서-단어 행렬(A)을 문서-주제 행렬(U), 대각 행렬(S), 토픽-단어 행렬(V)의 곱으로 변환할 수 있다. SVD는 x개의 가장 큰 특이값Singular values만 선택하여 유지함으로써 행렬의 차원을 줄인다. 이때 x개를 토익의 갯수로 하면, 원하는 토픽에 맞춰서 LSA를 수행할 수 있다.

$$A = U * S * V$$

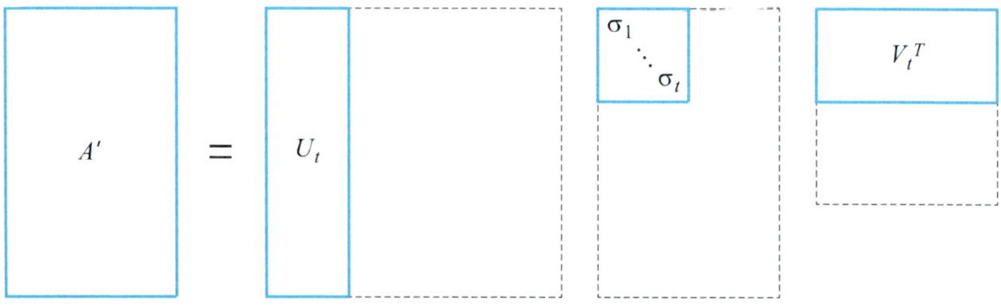

LSA는 빠르고 직관적이며 사용이 편하다는 장점이 있지만, 토픽의 종류와 토픽의 특성을 구분할 수 없는 등 임베딩된 토픽값을 사용자가 알 수 없다

는 큰 단점이 있다. 또한 정확한 결과를 위해서는 많은 문서와 어휘가 필요하기 때문에, 데이터가 적은 경우에는 부적합하다는 또 다른 단점을 가진다.

pLSA(Probabilistic Latent Semantic Analysis)

pLSA Probabilistic Latent Semantic Analysis는 차원 축소 Dimension Reduction 문제를 SVD Singular Vector Decomposition 대신 확률론적 방법을 사용하여 문제를 해결한다. 핵심 아이디어는 문서-단어 행렬의 데이터를 바탕으로 찾을 수 있는 잠재 토픽에 대한 확률 모델을 구하는 것이다.

pLSA는 다음과 같은 공식으로 구할 수 있는데, LSA와 다음과 같이 매칭할 수 있다. 문서-토픽 행렬을 토픽을 통하여 문서를 유추할 수 있는 확률로 대신하였으며, 단어-토픽 행렬을 토픽을 통하여 단어를 유추할 수 있는 확률로 대체하였다. pLSA는 확률론적 방법론을 사용하였기 때문에 LSA보다 더 유연한 모델이라고 할 수 있다. 그러나 pLSA는 모델 생성과정에서 존재하지 않았던 새로운 문서에 대해서는 확률을 어떻게 할당해야 하는지 알 수가 없다. 왜냐하면 pLSA에서는 P(D), 해당 문서가 나올 확률을 알 수 없기 때문이다. 다른 문제점으로는 pLSA의 파라미터 수는 문서 갯수가 증가함에 따라서 선형적으로 증가하기 때문에, 쉽게 모델 생성에 사용된 데이터에 오버피팅된 다음 큰 단점이 있다.

$$P(D, W) = \sum_{Z} \underline{P(Z)}\,\underline{P(D|Z)}\,\underline{P(W|Z)}$$

$$A \approx \underline{U_t}\,\underline{S_t}\,\underline{V_t^T}$$

LDA(Latent Dirichlet Allocation)*

LDA^Latent Dirichlet Allocation^는 pLSA를 베이지안 통계학적 관점**으로 풀어낸 방법이다. 문서를 기반으로 토픽을 유추하는 확률, 단어를 기반으로 토픽을 유추할 확률, 그리고 해당 토픽이 발견될 확률 등을 기반으로 풀어낸다.

LSA는 문서-단어 행렬을 SVD 기반으로 차원을 축소하며, 차원 축소를 통하여 근접 단어들을 토픽으로 묶는다. 이에 반하여 LDA는 문서에 특정 토픽이 존재할 확률과 단어가 특정 토픽에 존재할 확률(베이지안 통계 기반)으로 토픽을 추정한다.

LDA는 각 문서마다 하나의 토픽만을 가지는 것이 아니라, 여러 토픽을 가지고 있다고 가정한다. 해당 문서가 스포츠 30%, 배구 50%, 관람 20% 등과 여러 토픽으로 구성되고, 각 확률이 어느 정도인지 알 수 있다고 가정한다. 또한 LDA는 하나의 토픽을 구성하는 단어 리스트가 있다고 가정한다. 특히 이러한 특징을 통하여 LDA를 사용하면 문서 자료에서 인간이 해석할 수 있는 주제를 추출할 수 있다. 여기서 각 주제는 가장 강하게 연관된 단어로 특징 지워지는데. 예를 들어, 주제 2는 "전기, 석유, LNG, 전기사용료, 원전, 에너지" 등과 같은 용어로 특징 지어진다면 해당 토픽은 '한국전력공사'와 밀접한 관계를 가지는 토픽임을 알 수 있을 것이다.

LDA의 또 다른 장점으로는 새로운 문서에 대해서 적용이 어려운 pLSA와

---

* https://medium.com/nanonets/topic-modeling-with-lsa-psla-lda-and-lda2vec-555ff65b0b05

** 통계학에서는 가장 기본적인 확률을 바라보는 두가지 관점은 빈도론(Frequentism)과 베이지안(Bayesian interface)이 있음. 빈도론은 확률에 대해 '사건이 일어나는 장기적인 확률'로써 오로지 경험적 사실만을 통해 전달하는 객관적인 논리이고, 베이지안은 '지식이나 판단의 정도를 나타내는 수단'으로 주관적인 논리임.

는 달리 LDA는 일반적으로 새 문서로 쉽게 일반화할 수 있다는 점이다. LDA를 활용하면 새로운 문서에 대해서는 해당 문서가 어떤 토픽에 해당하는지 "토픽1: 70%, 토픽2:15%, 토픽3:15%"과 같이 토픽 혼합 벡터로 결과를 얻을 수 있다. 이는 LDA를 활용하여 응용 프로그램을 만드는데 크게 활용될 수 있다.

자연어 토크나이징(Tokenizing) 도구

영어 토크나이징 라이브러리

영어 텍스트의 전처리 및 분석에 사용되는 라이브러리로 NLTK Natural Language Toolkit와 Spacy가 가장 유명하다. 두 라이브러리는 텍스트를 정보 단위로 나누는 토크나이징 Tokenizing 기능 외에도 말뭉치, 직관적인 전처리 함수들을 제공한다. 두 라이브러리를 활용하면 영어 전처리를 쉽게 할 수 있다. NLTK는 영어 텍스트 전처리하는데 가장 많이 사용되는 라이브러리이다. 50여개가 넘는 말뭉치 리소스를 제공하는 것이 큰 장점이다. Spacy 또한 NLTK와 같은 오픈소스인 점에서는 동일하지만 상업적 목적으로 만들어진 오픈소스라는 점에서 차이를 보인다. Spacy는 영어를 포함하여 9개의 언어에 대하여 자연어 전처리 모듈과 16개 씩의 통계기반 모델을 제공한다. 이외에도 품사 태깅, 문장 분할, 시각화 기능 등 다양한 기능을 제공한다. 그리고 Spacy의 큰 장점 중 하나로 전처리 속도가 매우 빠르다는 점이다. 그러나 아쉽게도 Spacy 자체적으로 한국어를 지원하지 않는다.

한글 토크나이징(Tokenizing) 라이브러리

모든 언어는 다른 구조 및 특징을 가지고 있다. 영어와 한국어는 특히 언어학적으로 다른 점이 많다. 이렇기 때문에 영어에 사용되는 자연어처리 도구 및 라이브러리를 한국어에도 그대로 적용하여 사용하기는 무리가 있다. 한국어를 분석할 때 음소 분리하여 분석하거나 형태소 분석 후 형태소 단위로 분석해야 하는 경우가 많다. 그러나 음소 분리와 형태소 분석과 같은 기능은 NLTK와 Spacy에서는 다루기 어렵다. 다행히도 한글 자연어 처리를 쉽고 간결하게 처리할 수 있는 파이썬 기반의 오픈소스인 KoNLPy가 있다. KoNLPy는 Hannanum, Kkma, Komoran, Mecab, Mecab, Twitter와 같은 기존의 형태소 분석기 기능도 제공하기 때문에, 사용자가 사용할 데이터의 특성에 더 적합한 형태소 분석기를 선택할 수 있다. 또한 한국어에만 있는 품사를 제공하는 품사 태깅 기능을 제공한다.

자연어 처리에서 각 언어마다 모두 특징이 다르기 때문에 천편일률적으로 동일한 방법을 적용하기는 어렵다. 한글에도 NTLK나 Spacy 같은 도구를 사용할 수 있으면 좋겠지만 언어 특성상 영어를 위한 도구를 사용하기에는 적합하지 않다. 예를 들어, 영어에 없는 형태소 분석이나 음소 분리와 같은 내용은 앞서 소개한 라이브러리로는 다루기 어렵다. 한글 자연어 처리에 많이 사용하는 파이썬 라이브러리로 KoNLPy가 있다. KoNLPy는 형태소 분석으로 형태소 단위의 토크나이징을 가능하게 할뿐만 아니라 구문 분석을 가능하게 한다.

한전 적용사례

자연어처리 관련하여 한국전력공사에서도 많은 시스템이 사용되고 있고, 현재도 연구 중에 있다. 법률전문가서비스, 발전운전 전문가 지식 시스템, 소셜분석 플랫폼 등을 비롯하여 많은 과제에서 텍스트 기반의 데이터를 분석하는 모델을 개발하고 있다.

법률전문가 서비스 개요

법률 전문가 서비스는 사내외 법률 데이터를 활용하여 검색, 추천, 챗봇 서비스를 제공함으로써 법무 담당자의 업무 자동화를 통한 업무 효율성 증대를 목적으로 한다. 또한 법무 지식이 부족한 일반직원들을 대상으로 업무 관련 법률, 사규, 판례를 자동으로 추천해 주고, 유용한 답변을 제공하는 기능을 제공함으로써 직원들의 편의성 향상을 도모하고자 한다.

법제처, 국회입법예고 웹사이트 등 사외 법률 데이터, 사내 법무정보 시스템 DB 데이터, 법무 정보시스템 첨부 문서 등을 연계하였다. 또한 챗봇 및 추천 시스템 엔진을 학습시키기 위하여 Intent, Entity 지식을 구축하였다.

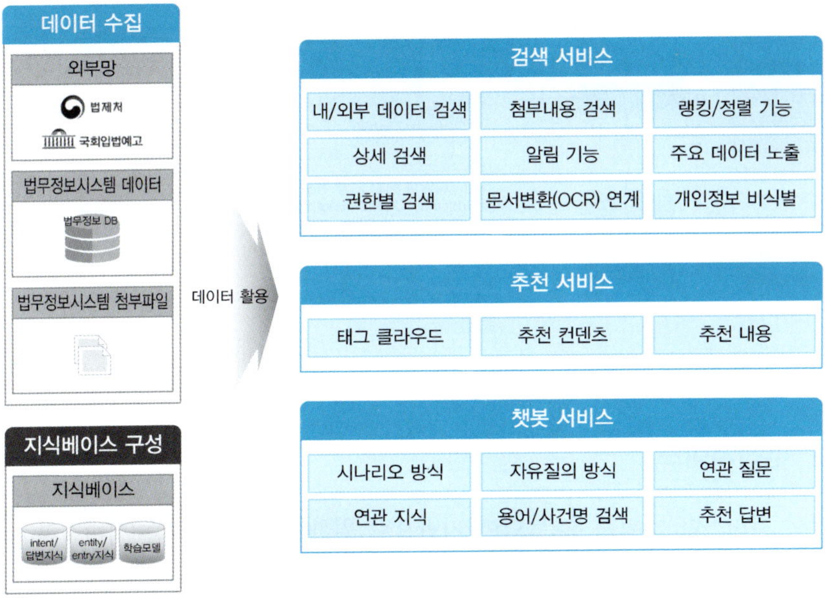

검색 서비스

검색 기능은 단어[Word] 또는 문장 단위로 형태소를 분리하여 검색 질의어에 대한 분석을 수행하고 시소러스, 동의어, 복합명사, 불용어 사전 등과 대소문자 구별, 한자 한글 변환 색인과 연동하여 사용자 의도에 부합하는 검색 결과를 제공한다. 사내외 법률 관련 데이터를 종합하여 검색어와 가장 유사한 법률 데이터 검색 결과를 제공한다. 특히 OCR 기술을 활용하여 PDF, JPG 등 이미지 형식으로 된 첨부파일의 경우에도 검색이 가능하도록 하였다.

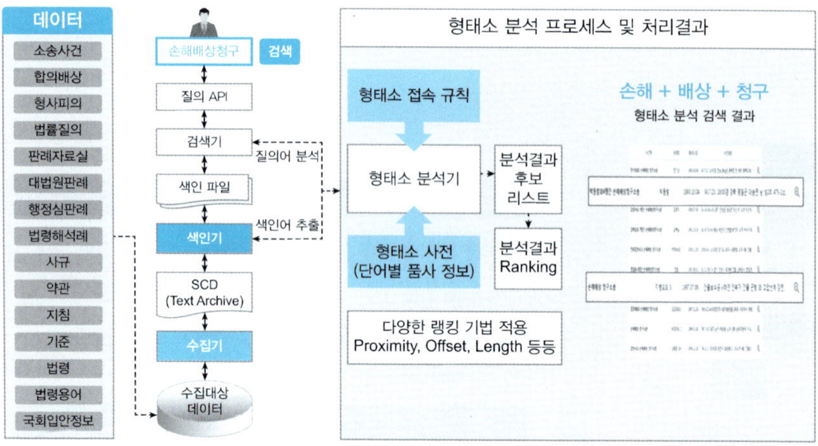

추천서비스

검색 서비스가 키워드 혹은 단어 기반으로 원하는 답변을 얻는 서비스라고 한다면, 추천 서비스는 문장 혹은 문단 단위로 질의를 받으면, 질의 문장 혹은 문단과 가장 유사성을 보이는 문서 혹은 데이터를 추천해 준다. 법률

전문가 서비스의 추천 서비스의 경우, 사용자가 입력한 문장과 가장 유사한 판례 리스트를 보여준다.

추천 서비스의 경우는 작성자의 질의를 파악하는 부분에서 자연어처리 Natural Language Processing 기술이, 질의와 가장 비슷한 데이터를 매칭해주는 데 기계학습 기반 알고리즘이 사용되고 있다.

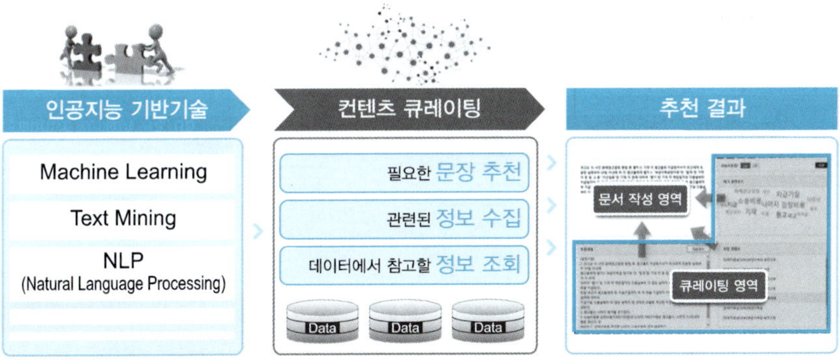

챗봇 서비스(LawBot)

법률전문가 서비스의 챗봇 서비스는 사내외 판례, 사규 등에 대한 유용한 정보를 제공한다. 챗봇 사용자가 질문을 하면, 사전에 구축된 지식을 활용하여 가장 적합한 답변을 제공하며, 사전에 구축된 지식에 없는 내용일 경우, 자체 추천 엔진을 활용하여 유사도가 높은 판례, 사규 자료를 제공한다. 또한 법률 용어 사전을 구축하여 용어 의미 전달 기능도 갖추고 있으며, 챗봇을 활용하여 사내외 법률, 판례, 사규에 대하여 간단한 검색 기능도 제공하고 있다.

오탈자, 띄어쓰기와 관련된 언어 오류 수정, 한국어/영어에 기반한 형태소 분석과 같은 자연어 처리를 질의 분석 앞 단계에서 진행한다. 이후 질의 의도Intent 분류 및 대화 객체Entity) 추출 과정을 통하여 가장 적절한 답변을 구축하는 아키텍처를 가진다.

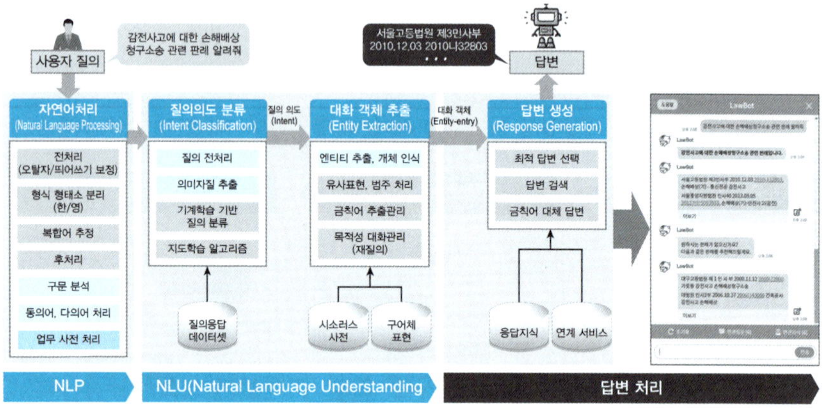

발전운전 전문가지식 시스템

발전운전 전문가 지식 시스템은 현장의 문제 해결 경험 및 노하우를 추출, 진단, 해석하여 진보된 전문지식을 자동화하여 제공하는 시스템이다. 크게는 발전 운전 전문가 지식 시스템, 대화형 발전 지식 챗봇 시스템, 발전운전 전문가지식 운영관리 시스템, AR/VR 연계 발전운전 지식 데이터 제공 모듈, 4가지로 구분된다.

발전운전 전문가지식 시스템

- 비정형 데이터 분석하고 지식 DB를 구축하여 Problem Focus 전지식 서비스 제공
- 개인별 맞춤형 전문가 지식 추천 및 연관 기술자료 제공
- 발전소 현장에서 수신된 장애 이벤트에 대한 문제해결 지식 제공

대화형 발전지식 챗봇 시스템

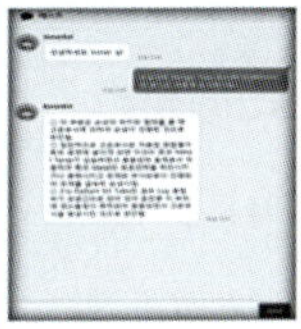

- 대화형 지식 챗봇 서비스를 통한 발전운전 know-How 및 정확한 문제 해결 결과 유도
- 질의에 대한 즉답을 통해 핵심 정보 파악
- 사용자 질의에 대한 의도를 파악하여 최적의 답변을 제공

발전운전 전문가지식 운영관리 시스템

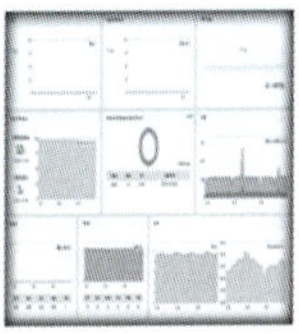

- Web GUI 기반 지식 통합 관리로 운영 편의성 향상
- 기술문서 분석을 위한 사전 및 색인관리, 발전지식 코드, 메타, 이미지 등 관리를 위한 데이터 및 멀티미디어 관리, 엔진 및 챗봇 관련 통계 정보 제공

AR/VR 연계 발전운전 지식 데이터 제공

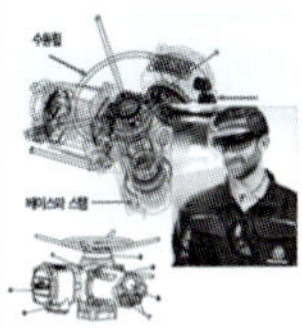

- 원격 지원 서비스를 위한 AR/VR 연계 전문가 지식 제공
- 장비의 스펙, 사진, 영상 구조도 등 지식 데이터 제공을 통해 AR/VR 원격 기술지원 서비스 지원

대부분의 데이터가 텍스트 데이터이기 때문에, 다양한 자연어처리 기능이 사용되고 있다. 기술지원보고서에서 지식을 추출하고 지식 DB를 구축하는 과정에서 단순 자연어 처리 기능뿐만 아니라, 문서에서 텍스트의 위치도 고려하여 체계적으로 지식 DB를 구축하였다.

발전 전문가 지식 시스템에서는 사용된 주요 기술은 크게 데이터 수집, 비정형 데이터 분석, 데이터 색인, 지식 추천/연관 분석 4가지로 구분된다. 텍스트 기반의 데이터를 수집하고 전처리하고 분석 모델을 개발하는데 수많은 자연어처리 기법과 기계학습 기반의 분류Classification 모델이 활용되었다.

정형/비정형 데이터 수집

데이터 수집기
- 파일, RDB, MongoDB 등의 정형/비정형 데이터 수집
- Hub-Pop 플랫폼 연동 및 발전지식 실시간 수집 기능

텍스트 추출기(문서 필터)
- 400여종 텍스트 문서 필터로 대표 키워드 추출
- 평균 20 MB/Sec 이상의 처리 속도

비정형 데이터 분석

시맨틱 패턴 분석
- 형태소 분석/개체명/구문분석 기반의 단서 어휘를 적용한 시맨틱룰 적용

문서 자동 분류
- CF-ICF: 카테고리에서 대한 특정 문서내 중요 키워드 방식
- Naive Bayes: 확률값에 기초하여 카테고리별 분류 규칙을 생성

데이터 색인

형태소 분석
- 텍스트에서 의미 있는 형태소 추출 기능
- 600만개의 형태소 엔트리를 통해 문장의 의미를 가지는 최소 단위 추출

색인
- 빅데이터 처리를 위한 실시간 초고속 색인 기능
- 대용량 환경처리를 위한 분산환경 색인 및 브로커 기능

지식 추천/연관 분석 모듈

맞춤형 지식 추천 모듈
- CF(Collaborative Filtering): 사용자들의 선호도를 예측하는 기법
- AR(Association Rule): 사용자 로그 기반 연관 규칙 분석 기법
- SEG(Segmentation): 사용자 정보 기준 세그 분류 기법

연관문서 분석 모듈
- 핑거프린팅: 문장 특징 추출 분석하여 빠르게 후보군을 생성
- Similar: 문서내의 중요 키워드 추출하여 비교 분석

소셜플랫폼

한국전력공사에서는 뉴스, 블로그, 포털, 웹사이트, 논문 등 외부 데이터와 고객의 소리 등 내부 텍스트 데이터를 수집 후 자연어 처리, 텍스트 마이닝 등을 통한 이슈 탐지, 사회 트랜드 분석, 신기술 동향 파악, 아이디어를 지원하는 소셜 플랫폼을 운영하고 있다. 한국전력공사의 소셜플랫폼은 4가지 분야에서 21개의 기능으로 구성되어 있다. 구체적인 분야 및 기능은 아래 그림과 같다.

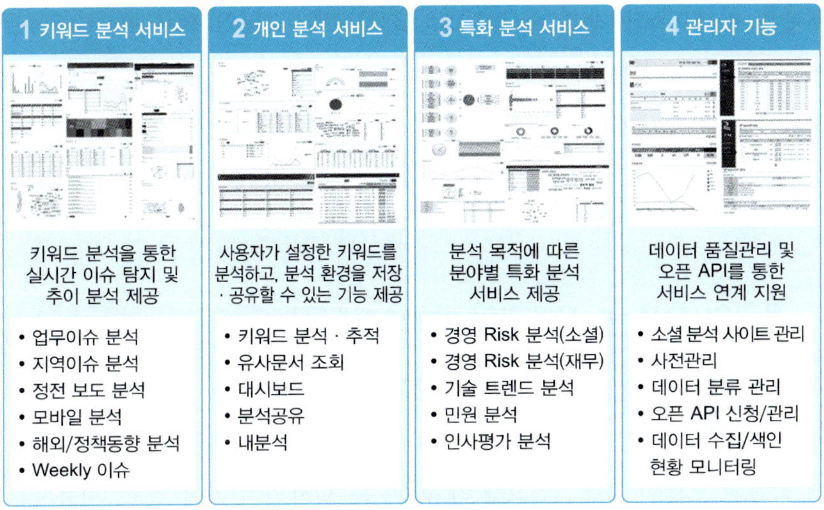

챗봇 만들기

HUB-PoP(Hyper-connected Ubiquitous Bridged Platform of Platforms)은 한국전력공사를 위한 소프트웨어 개발 플랫폼으로서, 플랫폼으로 연계된 데이터를 제공할 뿐만 아니라 이를 이용한 소프트웨어 개발 환경을 제공하는 플랫폼이다.

플랫폼이 개발되는 과정에 있어서 사용자의 니즈를 개발과정에서 바로 반영하고, 운영을 동시에 고려하여 개발을 진행하였다. 이러한 과정에서 개발자와 운영자, 사용자들의 특정 질문이 반복되어 일일이 회의를 통해 질의와 응답해야 하는 번거로운 일들이 발생하였다. 이 부분을 자동화하여 질문을 처리할 수 있으면, 업무 효율성이 높아질 수 있을 것이라고 생각에 챗봇을 만들어 HUB-PoP 플랫폼 개발관련 자동응대서비스를 시행한 사례도 있다. 이에 대해 설명하고자 한다.

챗봇은 카카오톡과 같은 메시지 앱, 웹 사이트, 모바일 응용 프로그램 또는 전화를 통해 인간의 언어로 사용자와 텍스트 혹은 음성을 통하여 대화하는 소프트웨어를 말한다. 챗봇은 온라인과 오프라인 챗봇으로 구분할 수 있으며, 룰 기반과 기계학습 기반 챗봇으로 구분할 수 있다.

온라인 챗봇 vs 오프라인 챗봇

구글의 Dialogflow, 페이스북 챗봇, 네이버 챗봇과 같이 대기업들이 챗봇을 쉽게 개발할 수 있는 프레임워크를 사용자들에게 제공하고 있다. 사전에 학습된 모델이 프레임워크를 제공해주는 회사의 서버에 있고, 사용자들은 모델과 프레임워크 내부 코드는 확인 없이 API를 호출함으로써 프레임워크에서 제공하는 사전 학습된 챗봇 모델을 사용하는 온라인 챗봇 방식이다. 위와 같은 프레임워크들은 자체적으로 많은 데이터를 기반으로 학습한 모델을 사용하기 때문에 사용자의 대화 데이터가 적더라도 빠르게 효과적인 챗봇을 만들 수 있다.

그러나 위에 언급한 챗봇 프레임워크를 사용하기 위해서는 데이터를 프레임워크에 업로드해야 한다. Dialogflow라면 구글 서버가 될 것이고, 네이버 챗봇이라면 네이버 서비에 챗봇 개발자의 데이터가 저장되고 그곳에서 처리가 된다. 만약에 회사의 기밀 및 민감 데이터를 대상으로 하는 챗봇이거나, 사내에서만 공유되어야 하는 자료라면 해당 챗봇 프레임워크를 사용하는 것을 권하지 않는다. 아마 한국전력공사도 그렇듯, 대부분의 공공기관 혹은 대기업에서는 사용이 어려울 것이다.

HUB-PoP 플랫폼 사용자를 위한 자동응대서비스 개발에는 위와 같은 챗봇 프레임워크를 사용할 수 없다. 플랫폼 자체를 외부 개발자들에게 공개되는 기능도 많이 있지만, HUB-PoP 플랫폼 자체도 한전 사내망에서만 사용 가능한 플랫폼일 뿐만 아니라, HUB-PoP 플랫폼에는 한전 데이터, 한전 자체 개발 알고리즘 등 외부에 노출되면 안되는 데이터가 많이 존재한다. 이러한 데이터 및 알고리즘에 대한 문의 답변은 외부로 반출할 수 없다. 또한 플랫폼 사용 간 문제 해결 질문 답변에는 내부 시스템 설정 및 인프라 정보가 포함되어있다. 따라서 HUB-PoP 플랫폼 자동응대서비스는 API 호출 기반의 온라인 챗봇은 사용할 수가 없다. 따라서 모델을 직접 한전 사내망 서버에 챗봇 프레임워크를 구축할 수 있는 오프라인 챗봇 플랫폼을 적용하여야 한다.

룰(Rule) 기반 검색 모델 챗봇 vs 기계학습 기반 생성 모델

룰 기반의 정해진 질문과 응답으로 이루어진 표준질답셋을 바탕으로, 챗봇 사용자의 질문의 의도를 파악하고 표준질답셋에서 가장 적합한 응답을 검색하는 방식이다. 항상 사용자들이 100% 똑같은 언어로 질문을 하지 않기 때문에, 유사 질답 생성을 통한 지식 확장 작업이 필수적이다. 또한 불용어 처리, 동의어 및 유사어 사전 적용, 워드 임베딩을 통한 질문간 유사도 파악 등 다양한 자연어 처리 기법들이 사용된다. 장점으로는 문법에 어긋난 답변을 절대 하지 않아 챗봇 사용자들에게 신뢰를 줄 수 있다는 점과 답변 내용이 정확하다는 점이다. 단점으로는 표준질답셋을 준비해야 하기 때문에, 표준질답셋에 없는 질문에 대해서는 답변을 할 수 없다는 점이다. 은행 챗봇, 여행사 챗봇 등 대부분의 한국의 챗봇은 룰 기반 검색 모델 챗봇이다. 누가 더 좋은 자연어 처리 엔진 및 코퍼스를 가지고 있어서 챗봇 사용자의 질문 의도를 잘 파악하느냐에 따라 챗봇 성능이 좌우된다.

생성 모델은 정해진 답변만 검색해 주는 룰 기반의 챗봇과는 달리 직접 답변을 생성한다. 장점은 질답셋이 없어도, 영화 대본, 채팅 상담 내역, 게시판 등 대용량 텍스트 데이터를 기반으로 모델 학습이 가능하며, 질답셋에 없는 답변도 할 수 있다. 단점으로는 정확한 답변을 하지 않는 경우가 많으며, 문법에 어긋난 대답으로 챗봇 사용자의 신뢰를 떨어뜨릴 수도 있다.

최근에서 딥러닝기반, 구체적으로 말하면 Transformer 기반의 모델, BERT 기반의 모델이 좋은 성능을 보이고는 있지만, 그렇지만 아직도 연구단계 수준이라고 판단된다. 영어의 경우는 세부 특정 분야에서는 실제 적용하는 사례가 늘어가고 있지만, 자연어 처리가 어렵고 한국어 데이터가 부족한 한국어 챗봇의 경우 생성 모델 기반의 모델은 실제 필드에 적용하기 극히 어렵다. 필드에서는 정확한 답을 요구하기 때문에 정확성이 떨어지고 불확실성이 큰 생성 모델의 경우, 현재 한국어 챗봇에는 적합하지 않다. 다만, 챗봇 기술과 한국어 자연어처리 기술도 발전하여 표준질답셋 없이 챗봇을 개발하여 실제 필드에서 사용할 수 있는 날이 빨리 오길 기대해 본다.

이와 같은 특징들로 인하여 HUP-PoP 플랫폼 자동응대서비스의 경우는 룰 기반의 검색 모델 기반이면서도 오프라인인 챗봇이 적합하다. 이에 가장 적합한 챗봇은 RASA플랫폼이다. 오픈소스이며, 쉽게 질답셋을 생성하고 학습할 수 있는 기능을 제공한다. 다만 한국어 지원이 되지 않는 점이 문제인데 이 부분은 약간의 수정을 통해 해결이 가능하다.

RASA 챗봇 플랫폼

Rasa는 망분리가 된 사내망 서버에서도 설치하여 사용이 가능한 오프라인 챗봇 프레임워크다. Rasa 챗봇 플랫폼은 크게 Rasa NLU 컴포넌트와 Rasa Core 컴포넌트로 구성되어 있다. Rasa NLU 컴포넌트는 챗봇 사용자가 질문한 자연어를 이해하고 의도Intent를 파악하고, 챗봇이 대화를 이어가기 위해 활용할 정보Entity를 추출하는 Rasa의 자연어 처리 엔진이다. 즉, 자연어 처리를 통하여 챗봇 사용자의 언어를 이해하는 역할을 담당하는 것이다. Rasa Core는 챗봇 사용자와 챗봇의 대화를 관리해 주는 솔루션이라고 할 수 있다. 챗봇 사용자 과거 입력 데이터를 기반으로, 새로운 질문, 입력 데이터에 대한 가장 적절한 챗봇의 답변(응답)을 찾아는 주는 역할을 한다. 가장 적합한 답변을 찾는 과정에서 기계학습 기반의 모델이 사용된다. 기본적으로는 Rasa Core는 SVM으로 되어 있지만, 사용자가 LSTM 혹은 XGBoost 등 원하는 분류 모델로 바꿀 수 있다.

본격적으로 챗봇을 실습을 하기 전에 앞에서 언급했던 Intent, Entity, Action 개념에 대해서만 간단히 더 설명을 하려고 한다. 도메인, 스토리 등 많은 개념이 있지만, 더 구체적인 사항은 Rasa 공식 홈페이지 및 위키를 통하여 심화 학습하기 바란다.

- Intent: 사용자가 말한 자연어의 목적을 의미한다. 예를 들어, 사용자가 "허브팝을 영어로 풀어쓰면 뭐지?"라고 질문을 한다면 이는 허브팝의 풀네임 궁금해 한다는 Intent를 가지고 있는 것이다.
- Entity: 사용자의 입력한 데이터 중에서 추후 대화를 이끌어 나가는 데 유용한 정보를 의미한다. Entity는 챗봇 설계자가 목적에 맞게 구성하기 나름이지만, "허브팝을 영어로 풀어쓰면?"이라는 질문의 경우에는 '대상: 허브팝, 언어: 영어' 등으로 Entity를 구성할 수 있다. Entity를 통해서 허브팝을 영어 풀네임으로 풀어서 제공할 수 있는 단서를 제공할 수 있다.
- Action: Action은 사용자의 질문에서 Intent와 Entity를 추출한 뒤, 이를 바탕으로 챗봇이 제공하는 답변을 의미한다. 위와 동일한 질

문에 대한 답변으로는 "Hyper-connected Ubiquitous Bridged Platform of Platforms입니다"가 될 수 있겠다.

[예제] HUB-PoP 플랫폼 자동응대 서비스

Rasa를 이용한 HUB-PoP 플랫폼 자동응대 서비스 개발은 크게 다음과 같은 5단계로 진행할 수 있다.

1. Rasa 설치
2. FastText를 활용한 한국어 사전학습된 임베딩 모델 적용하기
3. GUI 기반 Rasa NLU Trainer를 활용한 학습 데이터 만들기 및 데이터 작성
4. Rasa NLU, Rasa Core 학습하기
5. Rasa Starter Pack을 활용한 GUI 기반 챗봇 사용하기

실습환경은 Ubuntu 18.04.01에서 진행하였다. Ubuntu 하위 버전에서 문제 없이 실습이 작동함을 확인하였으며, Centos의 경우도 설치 과정에서 사용되는 명령어만 약간 다를 뿐 책에서 제시한 방법을 따라 Rasa 설치 및 사용이 가능하다.

코드 1.1 Rasa 및 Rasa Starter Pack 설치하기

Rasa의 경우 파이썬 3.6.4에서 호환성 문제 없이 가장 잘 작동한다. 파이썬 3.6.4 이전 버전에서도 작동은 가능하지만 이후 버전에서는 작동을 하지 않는다. 기존에 사용자들은 자신이 사용하고 있는 파이썬 및 기타 필요 패키지의 버전이 있다. 따라서 virtualenv을 사용하여 Rasa를 설치한다.

virtualenv는 파이썬의 가상환경 모듈으로 사용자가 사용하고 싶은 파이썬 패키지만으로 자신만의 공간을 구축하고 사용할 수 있도록 지원해 준다. 내 컴퓨터에 설치된 파이썬 버전이 2.7이라고 할지라도 virtualenv를 사용하면, 기존 파이썬 2.7을 3.6.4로 변경하지 않고도 3.6.4만 사용할 수 있는 파이썬 가상 환경을 만들어서 사용할 수 있다.

```
pip3 install virtualenv
```

터미널에 위의 커맨드를 입력함으로써 파이썬 가상 환경 라이브러리인 virtualenv을 설치한다.

```
python3 -m virtualenv hubpop_chatbot
```

'hubpop_chatbot'이라는 이름의 파이썬 가상환경을 만든다.

```
source hubpop_chatbot/bin/activate
```

```
rayjang@ubuntuos:~$ python3 -m virtualenv hubpop_chatbot
Using base prefix '/usr'
New python executable in /home/rayjang/hubpop_chatbot/bin/python3
Also creating executable in /home/rayjang/hubpop_chatbot/bin/python
Installing setuptools, pip, wheel...
done.
rayjang@ubuntuos:~$ █
```

방금 만든 hubpop_chatbot이라는 파이썬 가상 환경을 시작한다. 현재 접속해 있는 가상환경 명인 '(hubpop_chatbot)' 커맨드라인 앞에 추가된 것을 확인할 수 있다.

```
rayjang@ubuntuos:~$ source hubpop_chatbot/bin/activate
(hubpop_chatbot) rayjang@ubuntuos:~$ █
```

```
pip install rasa
```

```
(hubpop_chatbot) rayjang@ubuntuos:~$ pip install rasa
Collecting rasa
  Downloading https://files.pythonhosted.org/packages/01/c0/165a64adca789f2c8df3
6f4957e424cd98ac09bd9f2bb2428c1858619905/rasa-1.0.1-py3-none-any.whl (436kB)
    |████████████████████████████████| 440kB 397kB/s
Collecting matplotlib~=3.0 (from rasa)
  Downloading https://files.pythonhosted.org/packages/da/83/d989ee20c78117c737ab
40e0318ea221f1aed4e3f5a40b4f93541b369b93/matplotlib-3.1.0-cp36-cp36m-manylinux1_
x86_64.whl (13.1MB)
    |████████████████████████████████| 13.1MB 1.6MB/s
```

cf. 개발 중인 Rasa를 직접 GitHub에서 다운로드 받는 방법은 다음과 같다.

```
git clone https://github.com/RasaHQ/rasa.git
cd rasa
pip install -r requirements.txt
pip install -e .
```

Rasa Starter Pack 설치

```
git clone https://github.com/RasaHQ/starter-pack-rasa-stack.git
```

명령어를 입력하여 Rasa Starter Pack을 다운로드한다. 해당 코드들은 Rasa 공식 홈페이지에서 제공하는 것으로, 쉽게 Rasa를 활용할 수 있도록 샘플 데이터 및 기본 세팅을 해 놓은 기본 구성이다.

```
(hubpop_chatbot) rayjang@ubuntuos:~/hubpop_chatbot$ git clone https://github.com
/RasaHQ/starter-pack-rasa-stack.git
'starter-pack-rasa-stack'에 복제합니다...
remote: Enumerating objects: 362, done.
remote: Total 362 (delta 0), reused 0 (delta 0), pack-reused 362
오브젝트를 받는 중: 100% (362/362), 744.66 KiB | 962.00 KiB/s, 완료.
델타를 알아내는 중: 100% (179/179), 완료.
```

```
cd starter-pack-rasa-stack
pip install -r requirements.txt
```

Rasa Starter Pack의 경우, requirements.txt라는 파일에 설치할 Rasa NLU와 Rasa Core의 버전 정보를 사전에 입력되어 있다. `pip install rasa_nlu`, `pip install rasa_core`를 커맨드 라인에 직접 입력하여 설치를 하여도 된다. 이 경우는 설치할 패키지가 2개이지만, 추가적으로 설치할 패키지가 많을 경우 위와 같은 방식으로 필요한 패키지를 설치하는 방식을 추천한다.

```
(hubpop_chatbot) rayjang@ubuntuos:~/hubpop_chatbot$ cd starter-pack-rasa-stack/
(hubpop_chatbot) rayjang@ubuntuos:~/hubpop_chatbot/starter-pack-rasa-stack$ pip install -r requirements.txt
Collecting rasa_nlu[spacy]~=0.15.0 (from -r requirements.txt (line 2))
  Using cached https://files.pythonhosted.org/packages/93/31/d52f4b6353a930bc25dc97c3cfce525fe71f8a325b69261f
77827ffe1136/rasa_nlu-0.15.0-py3-none-any.whl
Collecting rasa core~=0.14.0 (from -r requirements.txt (line 3))
```

코드 1.2 FastText를 활용한 한국어 사전학습된 임베딩 모델 적용하기

fastText 공식 홈페이지(https://fasttext.cc/docs/en/crawl-vectors.html)에서 사전 학습된 한국어 fastText 워드 임베딩 벡터를 다운로드 받는다. 이번 실습에서는 사전학습된 워드벡터를 text 형식으로 다운로드 받아 사용할 것이다.

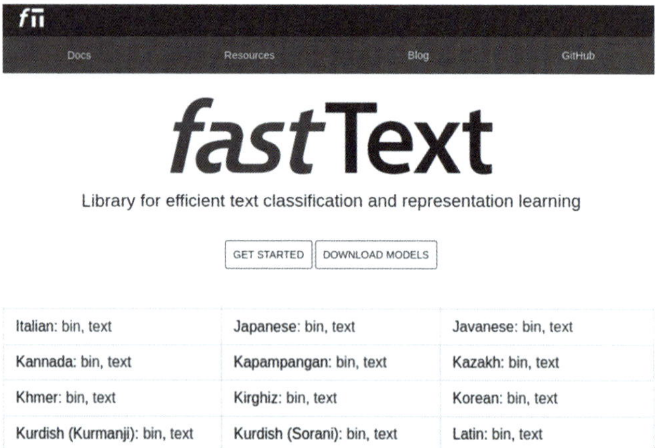

다운로드된 cc.ko.300.bin.gz 압축 파일을 원하는 경로에 압축을 풀어준다. 이번 실습에서는 starter-pack-rasa-stack 폴더, 즉 Rasa Starter Pack 경로에 압축을 풀었다.

```
(hubpop_chatbot) rayjang@ubuntuos:~/hubpop_chatbot/starter-pack-rasa-stack$ ls
LICENSE     actions.py       data           load_fastText.py  pyproject.toml          tests
Makefile    cc.ko.300.vec    domain.yml     nlu_config.yml    rasa-stack-mockup.gif
README.md   cc.ko.300.vec.gz endpoints.yml  policies.yml      requirements.txt
```

fastText의 워드 벡터를 Spacy에서 활용할 수 있도록 변환하는 작업이 필요하다.

```
mkdir ./models
mkdir ./models/new_nlp
```

아래 파이썬 스크립트에서 사용하는 폴더를 미리 생성한다. Spacy에서 사용할 수 있는 모델 형태로 변환된 모델이 저장되는 공간이다.

```
vi load_fastText.py
```

`load_fastText.py` 파일명을 가진 python 파일을 생성한다.

```
(hubpop_chatbot) rayjang@ubuntuos:~/hubpop_chatbot/starter-pack-rasa-stack$ vi load_fastText.py
```

아래 내용을 작성 후 저장한다. 모든 내용은 `GitHub()`과 HUB-PoP에 공유되어 있으니 복사하여 사용하면 된다.

```
from __future__ import unicode_literals
import plac import numpy
import spacy from spacy.language
import Language
@plac.annotations() def main():
     nlp = spacy.blank('xx')
     with open("./cc.ko.300.vec", 'rb') as file_:
          header = file_.readline()
          nr_row, nr_dim = header.split()
          nlp.vocab.reset_vectors(width=int(nr_dim))
          count = 0
          for line in file_:
               count += 1
               line = line.rstrip().decode('utf8', errors="ignore")
               pieces = line.rsplit(' ', int(nr_dim))
               word = pieces[0]
                print("{} - {}".format(count, word))
                vector = numpy.asarray([float(v) for v in pieces[1:]],
                          dtype='f')
                nlp.vocab.set_vector(word, vector) # add the vectors to the
                                                          vocab
     nlp.to_disk("./models/new_nlp/")

if __name__ == '__main__':
     plac.call(main)
```

```
python load_fastText.py
```

작성한 파이썬 스크립트를 실행한다.

실행되는 동안 다음과 같이 텍스트 데이터가 학습되는 과정을 볼 수 있다. 해당 과정은 노트북으로 해도 5분 내외로 완료된다.

```
295380 - 나니는
295381 - 구가하는
295382 - 예외였다
295383 - 통제되었다
295384 - 뉴클레오타이드
295385 - 거장인
295386 - manifest
295387 - 이경직
295388 - Filters
295389 - 해석학을
295390 - 2007年
295391 - 영화계는
295392 - 준장과
295393 - 호른의
295394 - 아이다호레벨
295395 - 아타루
295396 - 싸이월드가
295397 - 회재
295398 - 감사받을
295399 - 제14호로
295400 - 연구하지
295401 - 제8사단
295402 - 북벌론을
295403 - 뽑거나
295404 - 라트비아와
295405 - 법익을
295406 - 저염
295407 - 살맛나는
295408 - 이약을
295409 - 공학설계
295410 - 레스터셔
```

```
python -m spacy package ./models/new_nlp/ ./
```

사전학습된 FastText 한국어 워드 임베딩 벡터를 Spacy에서 사용할 수 있도록 패키지로 만든다. 위 명령어 수행 후 `xx_model-0.0.0` 폴더가 생성됨을 확인할 수 있다.

```
(hubpop_chatbot) rayjang@ubuntuos:~/hubpop_chatbot/starter-pack-rasa-stack$ python -m spacy package .
/models/new_nlp/ ./

    Loaded meta.json from file
    models/new_nlp/meta.json


    Successfully created package 'xx_model-0.0.0'
    xx_model-0.0.0

    To build the package, run `python setup.py sdist` in this directory.

(hubpop_chatbot) rayjang@ubuntuos:~/hubpop_chatbot/starter-pack-rasa-stack$ ls
LICENSE      cc.ko.300.vec     endpoints.yml     policies.yml            tests
Makefile     cc.ko.300.vec.gz  load_fastText.py  pyproject.toml          xx_model-0.0.0
README.md    data              models            rasa-stack-mockup.gif
actions.py   domain.yml        nlu_config.yml    requirements.txt
```

```
cd xx_model-0.0.0
python setup.py sdist
```

생성된 `xx_model-0.0.0` 폴더 안에 있는 sdist를 인자로 해서 `setup.py`를 실행한다.

```
(hubpop_chatbot) rayjang@ubuntuos:~/hubpop_chatbot/starter-pack-rasa-stack/xx_model-0.0.0$ ls
MANIFEST.in  meta.json  setup.py  xx_model
(hubpop_chatbot) rayjang@ubuntuos:~/hubpop_chatbot/starter-pack-rasa-stack/xx_model-0.0.0$ python setup.py sdist
running sdist
running egg_info
creating xx_model.egg-info
writing xx_model.egg-info/PKG-INFO
writing dependency_links to xx_model.egg-info/dependency_links.txt
writing requirements to xx_model.egg-info/requires.txt
writing top-level names to xx_model.egg-info/top_level.txt
writing manifest file 'xx_model.egg-info/SOURCES.txt'
reading manifest file 'xx_model.egg-info/SOURCES.txt'
reading manifest template 'MANIFEST.in'
```

```
pip install ./dist/xx_model-0.0.0.tar.gz
```

생성한 워드 임베딩 모델을 설치한다. 이 과정이 끝나면 fastText 워디 임베딩 모델을 Spacy에 설치하는 작업이 완료된다. 마지막으로 설치한 것과 Spacy 패키지와 연결Link만 해주면 된다.

```
(hubpop_chatbot) rayjang@ubuntuos:~/hubpop_chatbot/starter-pack-rasa-stack/xx_model-0.0.0$ pip install ./dist/xx_model-0.0.0.tar.gz
Processing ./dist/xx_model-0.0.0.tar.gz
```

```
python -m spacy link ./dist/xx_model-0.0.0.tar.gz korean
```

설치한 모델을 'korean'으로 연결해준다.

```
(hubpop_chatbot) rayjang@ubuntuos:~/hubpop_chatbot/starter-pack-rasa-stack/xx_model-0.0.0$ python
-m spacy link ./dist/xx_model-0.0.0.tar.gz korean

    Linking successful
    dist/xx_model-0.0.0.tar.gz -->
    /home/rayjang/hubpop_chatbot/lib/python3.6/site-packages/spacy/data/korean

    You can now load the model via spacy.load('korean')
```

코드 1.3 GUI 기반 Rasa NLU Trainer를 활용한 학습 데이터 만들기 및 데이터 작성

Rasa 공식 홈페이지에서 제공하는 Rasa-nlu-trainer를 설치하여 GUI 기반으로 학습데이터를 쉽게 만들 수 있다. Rasa-nlu-trainer를 설치하기 위해서는 nodejs와 npm가 사전에 설치가 되어 있어야 한다.

자세한 사항은 공식 Github(https://github.com/RasaHQ/rasa-nlu-trainer)을 참고바란다.

```
git clone https://github.com/RasaHQ/rasa-nlu-trainer.git
```

위 명령어를 통하여 Rasa-nlu-trainer Git Repo를 복제한다.

```
(hubpop_chatbot) rayjang@ubuntuos:~/hubpop_chatbot$ git clone https://github.com/RasaHQ/rasa-nlu-trainer.git
```

```
cd rasa-nlu-trainer
npm install
```

rasa-nlu-trainer를 실행 위하여 필요한 모듈을 설치한다.

```
(hubpop chatbot) rayjang@ubuntuos:~/hubpop_chatbot/rasa-nlu-trainer$ npm install
npm WARN deprecated core-js@1.2.7: core-js@<2.6.8 is no longer maintained. Please, upgrade to core-js@3 or at least to actual version of core-js
@2.
loadDep:karma →get      |
npm WARN deprecated json3@3.3.2: Please use the native JSON object instead of JSON 3
loadDep:semver →afterAdd |
npm WARN deprecated extract-text-webpack-plugin@1.0.1: Deprecated. Please use https://github.com/webpack-contrib/mini-css-extract-plugin
```

```
npm start
```

rasa-nlu-starter를 실행하면, 웹 브라우저에 rasa-nlu-trainer 실행된다. 처음에는 샘플 데이터가 생성되어 있다. 텍스트(챗봇 사용자의 입력 문장)가 어떤 의도Intent인지 학습 데이터를 입력하여 학습 데이터를 만든다.

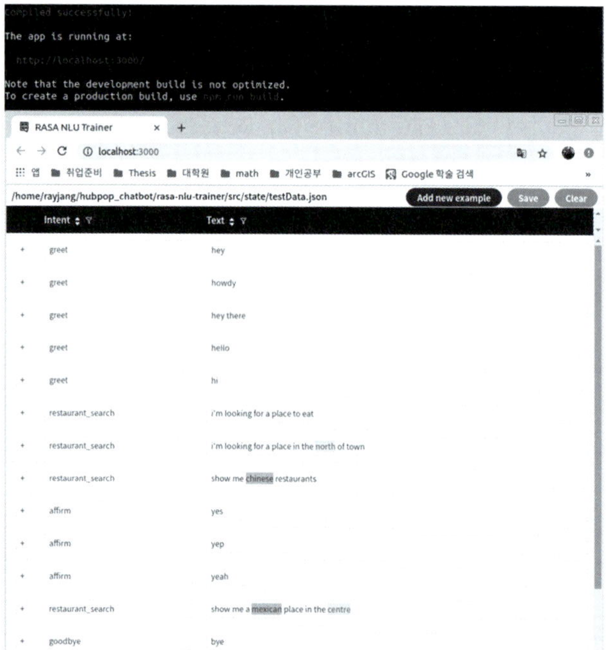
Compiled successfully!
The app is running at:
http://localhost:3000/
Note that the development build is not optimized.
To create a production build, use npm run build.
RASA NLU Trainer
localhost:3000
/home/rayjang/hubpop_chatbot/rasa-nlu-trainer/src/state/testData.json
Add new example
Save
Clear
Intent
Text
greet
hey
greet
howdy
greet
hey there
greet
hello
greet
hi
restaurant_search
i'm looking for a place to eat
restaurant_search
i'm looking for a place in the north of town
restaurant_search
show me chinese restaurants
affirm
yes
affirm
yep
affirm
yeah
restaurant_search
show me a mexican place in the centre
goodbye
bye

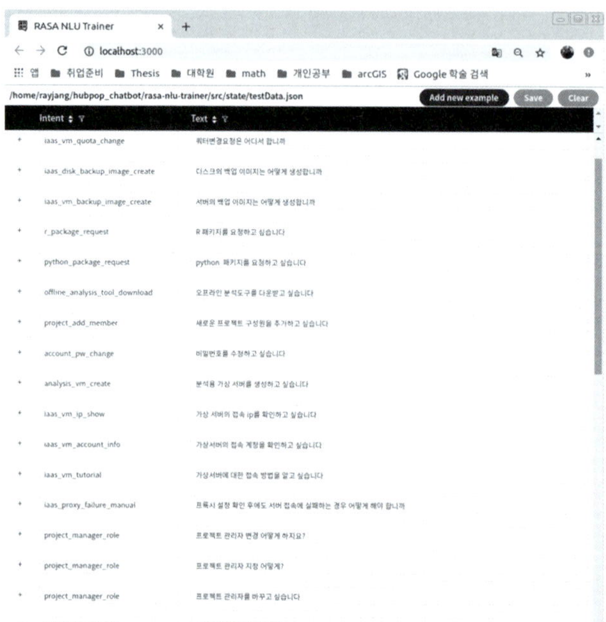
RASA NLU Trainer
localhost:3000
/home/rayjang/hubpop_chatbot/rasa-nlu-trainer/src/state/testData.json
Add new example
Save
Clear
Intent
Text
iaas_vm_quota_change
iaas_disk_backup_image_create
iaas_vm_backup_image_create
r_package_request
python_package_request
offline_analysis_tool_download
project_add_member
account_pw_change
analysis_vm_create
iaas_vm_ip_show
iaas_vm_account_info
iaas_vm_tutorial
iaas_proxy_failure_manual
project_manager_role
project_manager_role
project_manager_role
project_manager_role

HUB-PoP 사용자들이 질문했던 질문과 해당 질문의 의도Intent를 쌍으로 하여 데이터를 입력하고 저장한다. '허브팝 가상서버 쿼터 변경은 어떻게 하나요?', '허브팝 풀네임은 무엇인가요?', '허브팝 패키지 요청은 어떻게 하나요?' 등과 같은 질문을 입력해 준다. 작성 완료 후 Intent 학습 데이터 JSON 파일을 열어보면 다음과 같이 학습 데이터가 생성되어 있음을 알 수 있다.

이제는 rasa-nlu-trainer로 생성한 Intent 학습 데이터 외에도 Intent별로 챗봇의 Action을 지정해 주는 등 작업을 해야 한다. 상세한 사항은 Rasa Doc을 참고하기 바란다. HUB-PoP은 현재 한전 사내망에서 사용하고, 관련하여 외부에 노출되면 안되는 사안이 많기 때문에, 추후 실습 단계에서는 HUB-PoP의 풀네임을 물어보는 질문에 대해서만 답변을 하는 것을 만들고 보여주려 한다.

Rasa Starter Pack(starter-pack-rasa-stack) 폴더에 있는 설정 파일을 변경해준다.

nlu-config.yml을 다음과 같이 변경한다.

```
{
  "rasa_nlu_data": {
    "common_examples": [
      {
        "text": "프로젝트의 관리자 역할은 어떻게 지정/변경 합니까",
        "intent": "project_manager_role",
        "entities": []
      },
      {
        "text": "쿼터변경요청은 어디서 합니까",
        "intent": "iaas_vm_quota_change",
        "entities": []
      },
      {
```

```
    "text": "디스크의 백업 이미지는 어떻게 생성합니까",
    "intent": "iaas_disk_backup_image_create",
    "entities": []
  },
  {
    "text": "서버의 백업 이미지는 어떻게 생성합니까",
    "intent": "iaas_vm_backup_image_create",
    "entities": []
  },
  {
    "text": "R 패키지를 요청하고 싶습니다",
    "intent": "r_package_request",
    "entities": []
  },
  {
    "text": "python  패키지를 요청하고 싶습니다",
    "intent": "python_package_request",
    "entities": []
  },
  {
```

Rasa 챗봇 엔진을 Spacy와 Sklearn 기반으로 설정해 준다. 왜냐하면 이전에 fastText 워드 벡터 모델을 Spacy에서 활용할 수 있도록 설정해 놓았기 때문이다. 전에 korean이라는 이름으로 fastText 워드 벡터를 Spacy에서 사용할 수 있도록 설정하였기 때문에 language를 korean으로 설정한다.

```
language: "korean"

pipeline: spacy_sklearn
```

domain.yml을 다음과 같이 입력한다.

전체 Intents와 Actions를 리스트업한다. Template에는 Intent에 따른 챗봇의 Action을 정해준다.

```
intents:
- greet
```

```
- goodbye
- thanks
- deny
- joke
- name
- Abbreviation_hubpop

entities:
- name

slots:
  name:
    type: text

actions:
- utter_abbreviation_hubpop
- utter_name
- utter_thanks
- utter_greet
- utter_goodbye
- action_joke

templates:
  utter_abbreviation_hubpop:
  - text: "HUB-PoP 약자는 Hyper-connected Ubiquitous Bridged Platform of
Platforms 입니다."
  utter_name:
  - text: "안녕하세요. 전 HUB-PoP 도우미입니다. 당신의 이름을 알려주세요."

  utter_greet:
  - text: "{name}님, 만나서 반가워요 . 무엇을 도와드릴까요?"

  utter_goodbye:
```

```
- text: "만나서 반가웠어요. 나중에 또 봐요"

utter_thanks:
- text: "천만에요! 도움이 되었다니 제가 다 행복합니다"
```

data 폴더 안에 stories.md에 허브팝 풀네임을 묻는 Intent와 그에 따른 챗봇의 Action을 추가한다.

```
## story_greet <!--- The name of the story. It is not mandatory, but useful for debugging. -->
* greet <!--- User input expressed as intent. In this case it represents users message 'Hello'. -->
 - utter_name <!--- The response of the chatbot expressed as an action. In this case it represents chatbot's response 'Hello, how can I help?' -->

## story_goodbye
* goodbye
 - utter_goodbye

## story_thanks
* thanks
 - utter_thanks

## story_name
* name{"name":"광선"}
 - utter_greet

## story_joke_01
* joke
 - action_joke

## hubpop_abbre
```

```
* Abbreviation_hubpop
 - utter_abbreviation_hubpop

## story_joke_02
* greet
 - utter_name
* name{"name":"Lucy"} <!--- User response with an entity. In this case it
represents user message 'My name is Lucy.' -->
 - utter_greet
* joke
 - action_joke
* thanks
 - utter_thanks
* goodbye
 - utter_goodbye
```

rasa-nlu-trainer로 생성한 testData.json 데이터를 starter-pack-rasa-stack 폴더 내의 data 폴더 안으로 복사한다.

rasa-nlu-trainer 폴더 안에 있는 Makefile을 수정한다.

우리는 rasa-nlu를 우리가 생성한 testData.json을 대상으로 학습할 것이기 때문에, 학습할 파일명을 testData.json 파일로 바꾸어 준다.

```
train-nlu:
	python -m rasa_nlu.train -c nlu_config.yml --data data/testData.json -o
models --fixed_model_name nlu --project current --verbose
```

make train-nlu를 rasa-nlu-trainer 폴더에서 실행한다.

Rasa NLU를 학습한다.

make train-core를 rasa-nlu-trainer 폴더에서 실행한다.

Rasa Core를 학습한다.

```
make action-server
```

챗봇을 실행한다.

```
(hubpop_chatbot) rayjang@ubuntuos:~/starter-pack-rasa-stack$ make action-server
python -m rasa_core_sdk.endpoint --actions actions
2019-06-02 20:53:35 INFO     __main__  - Starting action endpoint server...
2019-06-02 20:53:35 INFO     rasa_core_sdk.executor  - Registered function for 'action_joke'.
2019-06-02 20:53:35 INFO     __main__  - Action endpoint is up and running. on ('0.0.0.0', 5055)
```

다른 터미널 창을 열어 starter-pack-rasa-stack 폴더에 들어간 다음, make cmdline을 입력한다. 터미널에서 간단히 챗봇이 잘 작동하는지 확인이 가능하다.

"허브팝 풀네임 알려줘"라고 입력하면, 아래와 같이 "HUB-PoP 약자는 Hyper-connected Ubiquitous Bridged Platform of Platforms 입니다."라고 정확한 답을 하는 것을 알 수 있다.

```
Bot loaded. Type a message and press enter (use '/stop' to exit):
Your input ->  허브팝 풀네임 알려줘
HUB-PoP 약자는 Hyper-connected Ubiquitous Bridged Platform of Platforms 입니다.
127.0.0.1 - - [2019-06-02 21:10:35] "POST /webhooks/rest/webhook?stream=true&token= HTTP/1.1" 200 271
 0.245747
Your input ->
```

수많은 Github에서 rasa 챗봇의 UI를 제공한다. 간단히 설정(챗봇의 포트)만 바꾸면 아래와 같이 쉽게 예쁜 챗봇 프로토타입을 만들 수 있다.

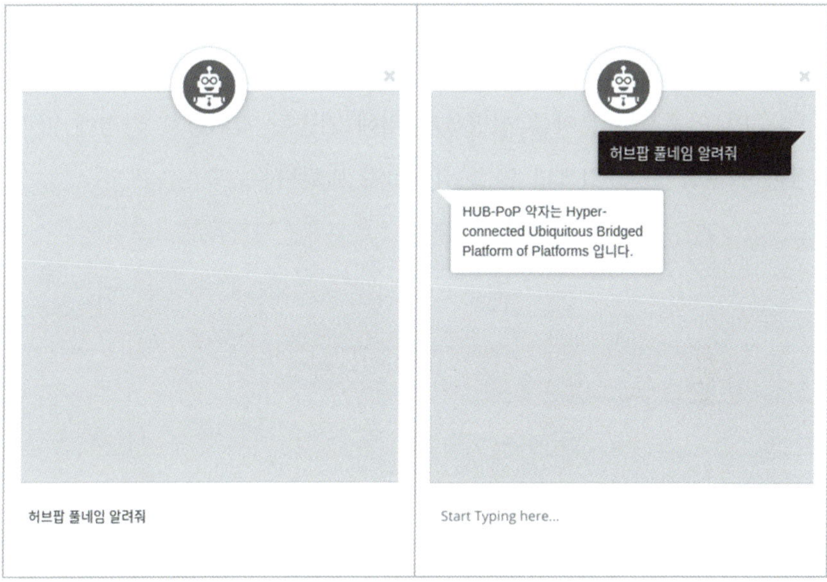

단순히 fastText 워드 임베딩 벡터 모델을 사용하는 것으로는 상용 챗봇을 만들기는 어렵다. 동의어 및 유사어에 대하여 일일이 학습 데이터를 추가해줘야 한다. 이러한 수고를 방지하기 위하여, 동의어 및 유사어 사전을 구축하고 활용하여 학습 데이터 생성과 지식 확장에 수고를 줄이고 정확도를 향상시킬 수 있다. 본 실습에서는 형태소 분석을 활용하지 않고, n-gram 기반의 CBOW(fastText)를 하였지만, 한국어를 보다 잘 처리하기 위해서는 형태소 분석이 필요하다. KoNLPy를 활용하여 형태소 분석 결과를 워드 벡터 모델 학습에 사용할 것이다. 또한 최근은 BERT 모델이 자연어처리에서 가장 우수한 성능을 보이고 있다. 일반적인 한국어 기반 사전학습 BERT 모델뿐만 아니라 전력 계통 Wikipedia 및 회사 문서 텍스트를 활용하여 BERT 학습하여 한국전력공사 및 전력계통의 BERT 모델을 만드는 것도 좋을 것이다.

예제를 통해 실습하는 것은 쉽지 않은 일이다. 개개인마다 사용하는 컴퓨터 언어가 각각 다르기 때문이다. 제시된 예제는 한국전력에서 개발하고 활용 중인 인공지능 분야를 설명하기 위해 기술된 것이므로 환경에 따라 동작하지 않을 수도 있으니 이점 참고하기 바란다.

4 수요예측 분야

수요예측분야를 설명하기 전에 먼저 우리나라의 전력시장 구조를 설명하고자 한다. 전력시장을 먼저 알아야 전력분야에서 수요예측의 중요성과 활용성을 이해할 수 있다.

우리나라 전력시장은 전기사업법에 의거, 산업통상자원부 허가를 받은 다수의 사업자로 구성된다. 발전사업자는 '19년말 기준으로 한전 자회사 6개, 일반발전사업자 20개, 신재생사업자 · 기타 3,442개, 집단에너지사업자 29개 등 발전사업자 3,543개, 그리고 수요예측과 전력도매시장가격 결정 및 계통운영을 담당하고 있는 전력거래소와 송전 · 배전 · 판매를 겸업하고 있는 판매사업자인 한국전력공사로 구성되어 있다.

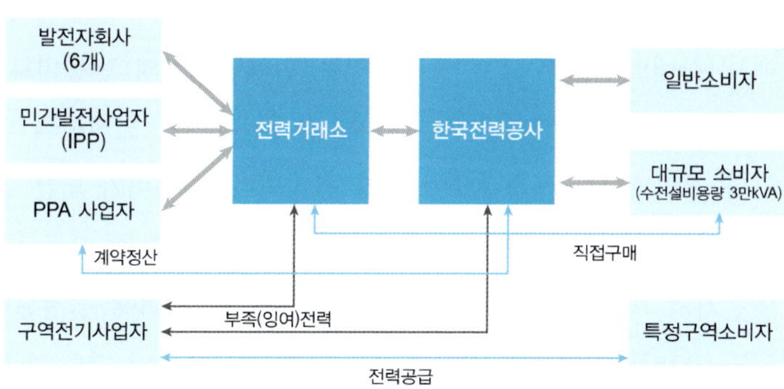

- 집단에너지사업자 : 열을 판매하면서(집단에너지법) 부가적으로 생산되는 전기를 전력시장에 판매
- 구역전기사업자 : 자기구역내에서 전력생산 · 판매를 동시에 수행하는 겸업사업자(100%집단에너지겸업)
- 수요관리사업자 : 지능형전력망법에 의해 등록되며, 전력시장에서 수요감축량을 전력거래하는 사업자

전력시장의 구조도

우리나라 전력시장은 전력공급자 위주의 도매시장에서 소비자 중심의 소매전력시장으로 넘어가는 과도기 전력시장이며, 특징은 아래와 같다.

❶ 강제적 전력시장Mandatory Pool이다. 모든 전력거래는 전력시장을 통해서만 가능하다. 단, '01년 이전 계약한 민간 LNG 발전사(4개, 2.8GW)와 1MW 미만 소규모 신재생, 계통 미연계 도서지역은 예외적으로 한전과 직접거래가 가능하다.

❷ CBP시장Cost Based Pool이다. 발전변동비에 기초하여 전력거래 가격이 결정되는 시장이다. 발전기별 변동비는 전력거래소 비용평가위원회에서 사전에 결정되며, 발전사는 용량만 입찰하는 구조이다. 2001년 구조개편시에 영국사례를 참조해 과도기적으로 도입 후 현재까지 운영되고 있다.

> CBP(Cost Based Pool): 발전사는 용량만 입찰(가격입찰 미시행)
> PBP(Price Bidding Pool): 발전사는 용량, 가격입찰
> TWBP(Two Way Bidding Pool): 발전/판매사는 용량, 가격입찰

❸ 하루전시장Day Ahead Market이다. 거래 가격은 하루 전에 확정되며, 매 시간대별 예측수요를 충족시키는 한계발전기의 변동비로 계통한계가격(SMPSystem Marginal Price)이 결정된다. 즉, 발전사의 입찰용량과 전력거래소 예측수요에 따라 결정되며, 변동비가 낮은 발전기부터 높은 발전기 순으로 반영되는 경제급전원칙을 따르고 있다. 발전기의 변동비는 매월 비용평가위원회에서 사전에 결정된다. 결정된 SMP는 급전대상 발전기에 동일하게 적용되며 당일 발전량에 따라 지급된다.

> 비용평가위원회 : 정부, 전력거래소, 시장참여자(한전, 발전사), 민간전문가가 비용평가 등

여기서 전력시장가격(SMP)을 산정할 때, 수요예측이 활용된다.

전력시장에서 결정되는 전기가격은 경쟁시장에서 일반상품의 가격이 수요와 공급이 만나는 점에서 결정되는 원리와 동일하다. 우리나라의 시장가격은 1시간 단위로 전력거래 하루 전에 결정되며, 하루 전에 예측한 전력수요와 발전사의 발전공급입찰이 만나는 점에서 결정된다. 이 가격을 결정하기 위해 '발전계획프로그램RSC, Resource Scheduling & Commitment'을 이용하여 입찰에 참여한 발전기의 변동비가 낮은 순서에서 높은 순으로 반영하여 비용 최소화원칙에 따라 결정된다. 가장 높은 발전기의 발전비용을 한계가격System Marginal Price이라 하고, 그 시간대의 시장가격으로 결정한다. 결정된 전력시장가격은 동일시간대 급전대상 발전기에 동일 적용된다.

수요예측 방법에 따라 전력시장가격의 변동이 발생할 수 있다. 전통적인 수요예측방법은 통계적 기법(기상민감도 적용, 회귀, ARIMA, 지수 평활 등을 활용하여 분석자의 경험적 예측에 의해 결정된다. 활용되는 데이터로는 발전단에서 생성하는 발전량, 전기사용자가 사용하는 전력사용량, 기상관측 및 예보, 사회 및 경제지표 등이다. 쉽고 간단하게 설명하자면, 먼저 예측일에 대한 과거 데이터를 최고/최저온도와 전력수요의 상관관계를 바탕으로 요일간 온도민감도 회귀분석으로 보정계수를 산출한다. 보정계수를 이용하여 과거 최대 및 최소 전력수요를 보정하고, 이후 지수평활법으로 예측일의 요일별로 24시간 패턴을 예측한다.

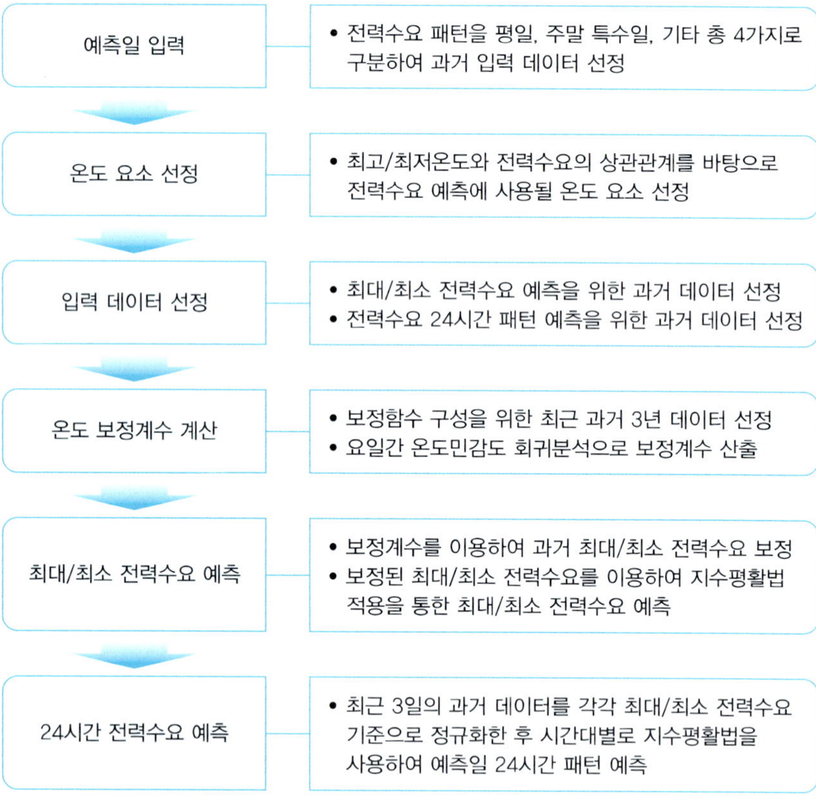

전력거래소 가격결정발전계획의 전력수요예측 방법

위 내용은 수요예측을 설명하기 위해 필자가 가지고 있는 자료(18년도에 정리된 자료로 기억한다)를 올린 것이니, 좀 더 자세하고 정확한 사항을 알고 싶다면 전력거래소의 홈페이지를 참고하기 바란다.

그러나 기존의 수요예측은 정해진 알고리즘으로 예측을 수행하고 분석가의 경험에 의한 보정으로 예측되고 있어 다양한 분석인자의 활용과 시스템적 자동예측에는 한계가 있다. 그러나 딥러닝(CuDNN+Dense)기법을 적용하여 다양한 대용량의 입력데이터로부터 예측모형의 학습을 통해 자동생성할 수 있다면 보다 편리하고 빠르게 예측할 수 있을 것이다. 하지만, 예측결과에 대한 설명력 부재와 많은 경우의 수에 대한 입력데이터가 필요한 단점이 있다.

전력시장가격은 결정되는 과정에 있어서 설득력과 신뢰가 필요하다. 아직까지 딥러닝기법을 활용하여 예측하기에는 무리수가 있다는 것이다.

그러나 이제는 어쩔 수 없이 인공지능이 대세인 시대이다. 그리고 인공지능을 활용하여 좀 더 정확한 수요예측을 할 시점이다. 그 이유는 다음과 같다.

1. 시계열 데이터를 분석하는 방법으로는 정확한 수요예측을 서비스하는 것은 한계가 있다. 여러 비선형 변환기법의 조합과 높은 수준의 추상화를 통해 보다 정확한 예측을 가능하게 하는 인공지능 서비스가 필요하다.
2. 시계열 데이터를 기반으로 하는 수요예측은 영향을 미치는 다양한 이벤트들을 반영하지 못하고 있다. 빅데이터를 활용하여 수요예측에 영향을 미치는 이벤트를 반영함으로써 오차를 줄이고 정확도를 향상시킬 수 있다.
3. 정적인 분석기법을 활용하여 수요예측을 진행함으로써 항상 비슷한 수준의 예측결과를 도출해야 한다. 인공지능 모델을 활용하여 학습을 통해 보다 정확한 수요예측 모델을 도출함으로써 향상된 예측결과를 얻을 수 있다.

인공지능을 활용한 수요예측에 대해 핵심만 설명하고자 한다. 본 서비스시스템은 전력SW공용 플랫폼인 HUB PoP을 사용해 개발되었으며, HUB PoP은 뒤에 자세히 설명하고자 한다.

수요예측 인공지능 서비스는 기존 수요예측 서비스와 인공지능 수요예측을 수행할 마이크로서비스, 데이터 수집 및 전처리 모듈, 보정 데이터 등을 저장할 저장소, GPU를 활용하여 예측을 수행하는 CPU 클러스터로 구성된다. 기존 수요예측 서비스는 IaaS로 서비스를 이전하여 기존 수요예측 서비스와 인공지능 수요예측 서비스를 각각 분석할 수 있도록 구성하였다. 수요예측 마이크로 서비스는 예측에 필요한 데이터를 저장하며 인공지능 예측 모듈을 통한 수요예측 기능을 제공한다. 데이터 저장소는 데이터 수집 및 예측에 필요한 데이터 전처리 모듈과 보정 데이터 등을 저장하고, GPU 클러스터는 GPU를 활용해 학습을 수행한다.

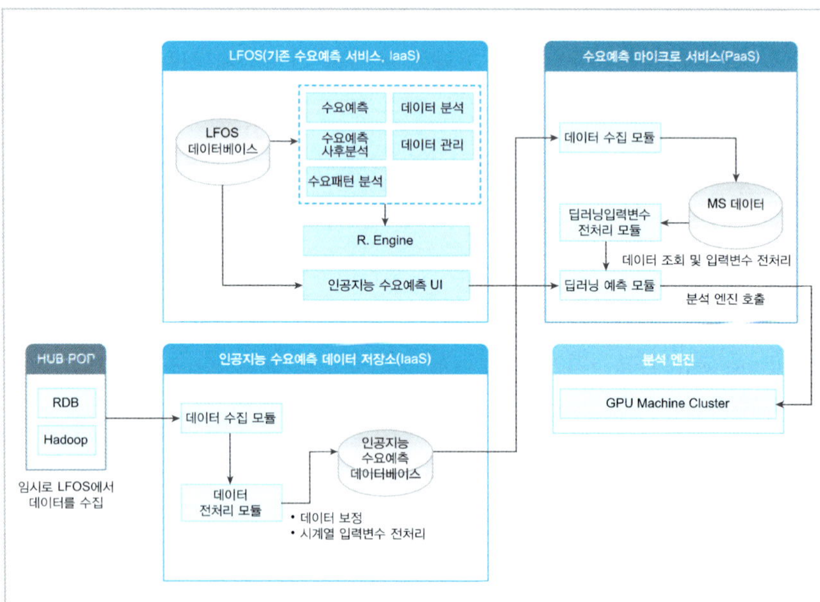

수요예측 서비스 구성도

본 시스템은 수요예측에 필요한 데이터들에 대하여 군집을 설정한 후 클러스터링을 수행하여 데이터를 추출하였으며, 데이터의 누락에 대한 보정모델(누락된 데이터의 전후 데이터를 활용하여 선형보간법으로 보정 또는 누락된 데이터의 이전 데이터를 활용하여 지수평활법으로 보정처리)을 적용하였다. 또한 수집데이터를 시계열 입력변수로 전처리 후 저장하여 딥러닝 모델에서 활용할 수 있도록 처리하였다.

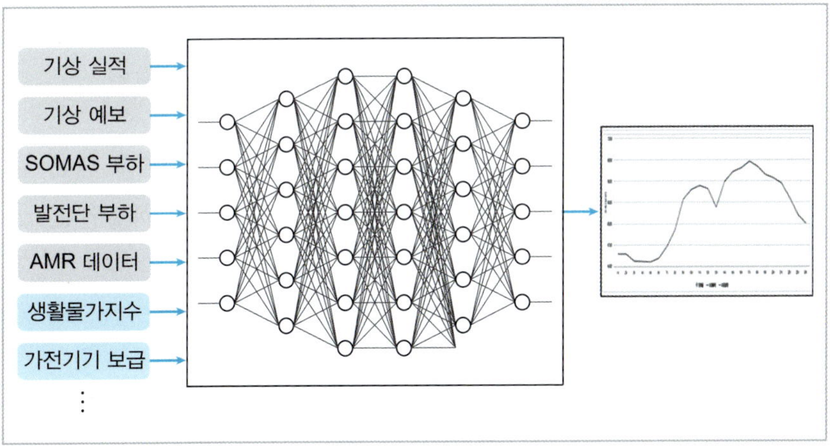

딥러닝 수요예측 구조도

수요예측 활용 딥러닝 모델은 시계열 및 순서가 있는 데이터의 학습에 적합한 딥러닝 모델인 LSTM[Long Short-Term Memory]을 사용하였으며, 이 모델은 RNN[Recurrent Neural Network]의 장기 의존성[Long-Term Dependency] 문제를 해결한 모델이다.

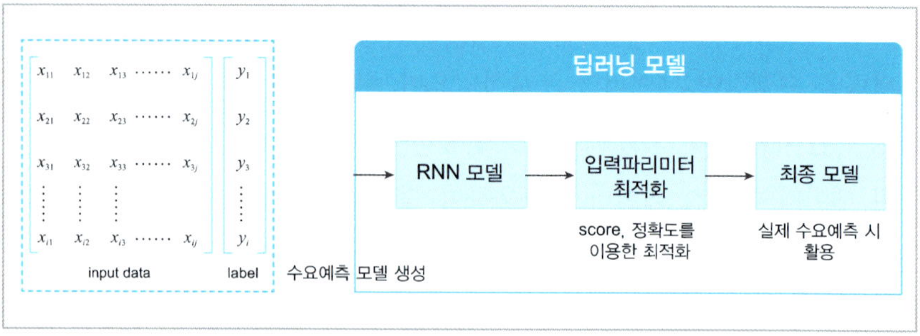

또한 더 많은 종류의 기상데이터와 사회지표를 포함하여 학습을 시켜 향후 추가하거나 삭제가 용이하도록 데이터를 적용시켰다.

예측결과 요일에 따라 다소 차이가 발생함을 보였지만, 정확하고 많은 입력데이터가 확보된다면 좀 더 정확한 예측값이 나올 것으로 예상된다.

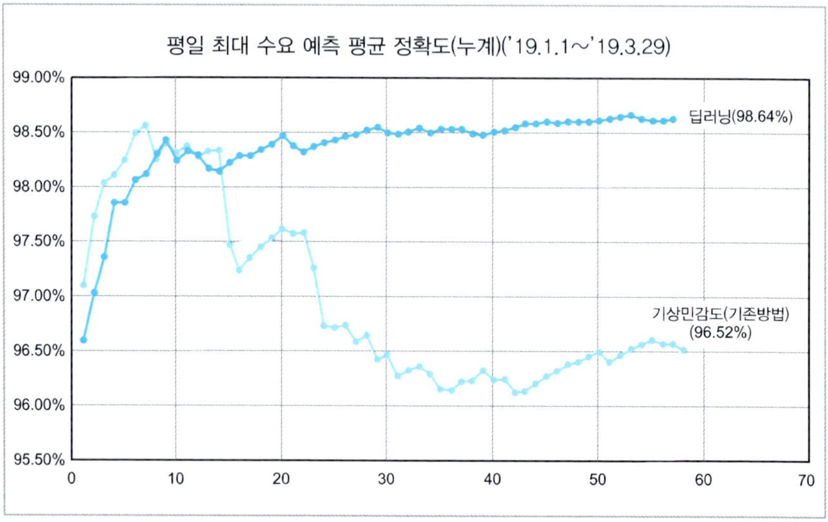

[예측 정확도]

위 그림의 예측정확도는 수요예측을 기상민감도 방법과 딥러닝 방법을 비교 분석하기 위해 가상데이터를 가지고 실험한 내용 및 결과이므로, 실제 전력거래소에서 예측하고 운영되는 결과값과는 상관이 없음을 밝힌다.

그리고 향후 여러 예측모델의 정보를 조합하여 새로운 예측모델을 생성해내는 앙상블 기법을 통한 예측도 준비 중이다. 상황 및 조건에 따라 정확도가 높은 모델이 따로 존재한다면 이들의 예측모델들의 장점만을 결합하여 보다 성능이 좋은 예측모델을 생성할 수 있을 것이다.

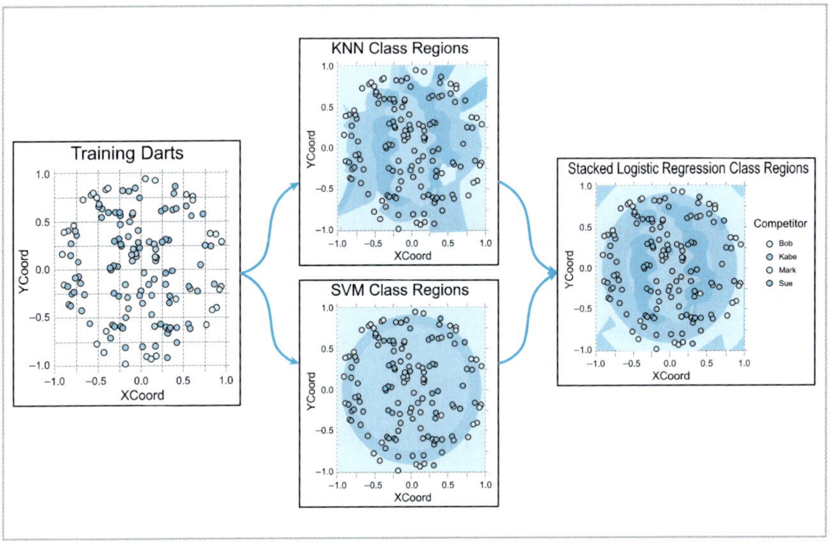

앙상블 기법

5

전력SW 공용 플랫폼(HUB-PoP)

마지막 사례로 한전에서 개발 및 운영하고 있는 전력SW 공용 플랫폼인 HUB-PoP에 대해 소개하고자 한다. HUB-PoP은 한전의 AI라든지 빅데이터에 대한 데이터를 분석하고 SW를 개발할 수 있는 공용 플랫폼이다. 즉, SW 개발에 필요한 공통환경(개발, 운영, 연계 등) 및 인공지능 알고리즘 등을 제공하는 플랫폼이다.

최근 4차산업혁명의 디지털변환 추세에 따라 전력 ICT 융·복합 연구개발 확대를 고려하여 공통적으로 활용 가능한 플랫폼의 필요에 따라 개발되었다. 이 플랫폼은 전력분야에서 통용되고 있는 전력에 관한 모든 정보, 전력 소비량, 발전량, 송배전 상태 등의 정보를 단일 플랫폼에서 규격화하여 제공함으로써 빅데이터 관리가 용이해지고 자산의 감독 및 관리 기능이 강화되었다. 또한 통합 플랫폼은 전력망에서 문제점을 감지·조사·분석·보고할 수 있는 각 분야 SW와 결합되어 활용시에는 전력계통에 대한 신뢰도를 향상시키며, 실시간 관리시스템으로써의 인프로 역할도 수행할 것이다.

전력SW의 안정적이고 효율적인 운영뿐만 아니라 빅데이터 분석 서비스를 통한 다양한 분석서비스를 제공하고, 표준에 부합하는 모델링 도구를 사용하게 함으로써 향후 전력분야에 활용되는 모든 기기 및 시스템의 연계, 확장 등이 용이하게 구축되어 있다.

간단하게 정리하자면, HUB PoP은 전력분야 다양한 SW의 개발 · 실증 · 표준화를 지원하는 공용 플랫폼이며, 이를 통해 SW의 개발생산성을 제고하고, SW개발비 및 IT 인프라 도입에 대한 비용을 절감할 수 있다.

HUB PoP에는 개발플랫폼, 클라우드 플랫폼, 데이터 통합분석 서비스로 구성되어 있다. 개발 플랫폼은 IoT, 빅데이터, 가상현실, 증강현실, 인공지능, 추론엔진 등을 직접 개발하거나, 기존 성과물을 이용하여 플랫폼 사용자가 SW 개발과정에서 손쉽게 이용할 수 있도록 공통의 기반 서비스를 제공하고, 클라우드 플랫폼은 전력 SW의 개발에 필요한 서버, 네트워크 장치, 스토리지, SW 개발도구 등의 설치 및 구성 자동화를 통해 복잡한 행정 절차에서 벗어나 전력SW의 개발 편의성을 보장하고 있으며, 데이터 통합 분석 서비스는 시험 데이터 통합모델 설계, 지능형 정보검색 엔진 개발을 통해 데이터 융 · 복합 분석, 연구 성과 종합분석, 통합검색 등을 지원하는 서비스를 제공하고 있다.

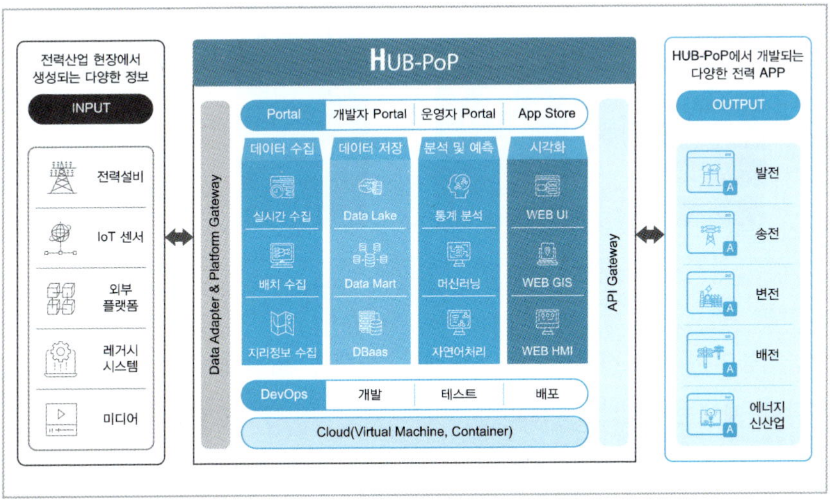

HUB-PoP 구조도

자세히 설명하자면, HUB-PoP에는 공통으로 개발할 수 있는 개발환경과 인공지능AI과 관련한 알고리즘(Machine, Deep Learning 등)이 탑재해 있다. 인공지능관련 다양한 알고리즘(Machine Learning의 Decision Tree, Deep Learning의 Convolution Neural Network 뇌회로망 등)을 SW개발 플랫폼에 위치시켜 자원의 중복 도입을 예방하고, 개별 플랫폼 구현 시 공통으로 필요한 개발환경을 제공한다.

HUB PoP에 제공하고자 하는 클라우드기반 시스템은 HW 및 SW의 설치 및 구성을 자동화함으로써 전력 SW의 신속한 개발을 지원하고 IT인프라의 효용성을 제고하고 있다.

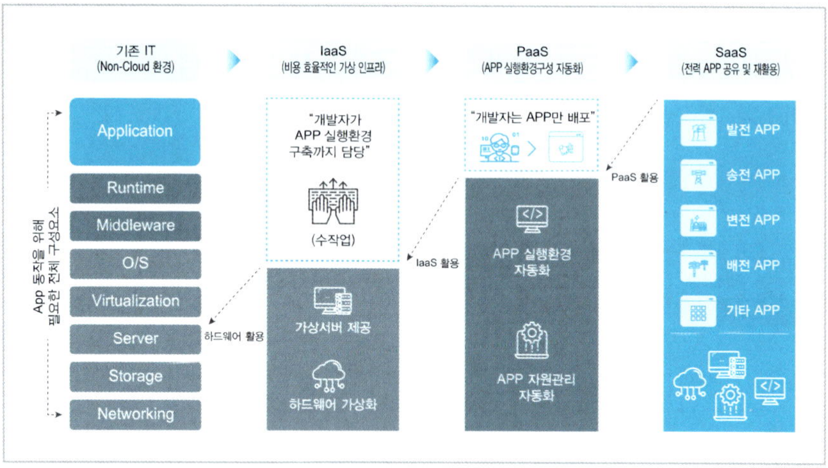

인공지능이든 단위시스템이든 SW개발 플랫폼 환경에서 어플리케이션을 개발할 때에는 클라우드 IaaSInfrastructure as a Service 및 CaaSContainers as a Service, PaaSPlatform as a Service, FaaSFunction as a Service, SaaSSoftware as a Service 환경에서 플랫폼을 활용할 수 있다. IaaS 환경에서는 어플리케이션

개발에 필요한 서버, 네트워크, 스토리지 등 ICT인프라를 별도로 구축할 필요 없이 플랫폼에서 제공하는 가상머신 환경에서 어플리케이션을 개발할 수 있다. CaaS, PaaS, FaaS 환경에서는 Micro Service 및 Function 기반의 어플리케이션의 실행환경을 서비스하며, SaaS는 어플리케이션 SW의 가상화 운영 서비스를 제공하고 있다. 또한 플랫폼에서의 서비스 카탈로그를 이용해 쉽게 SW 개발환경을 제공하고 사용자 코딩 영역을 최소화할 수 있다.

클라우드 서비스에서의 사용자와 서비스 제공자의 역할을 쉽게 이해할 수 있도록 구조도는 아래와 같다.

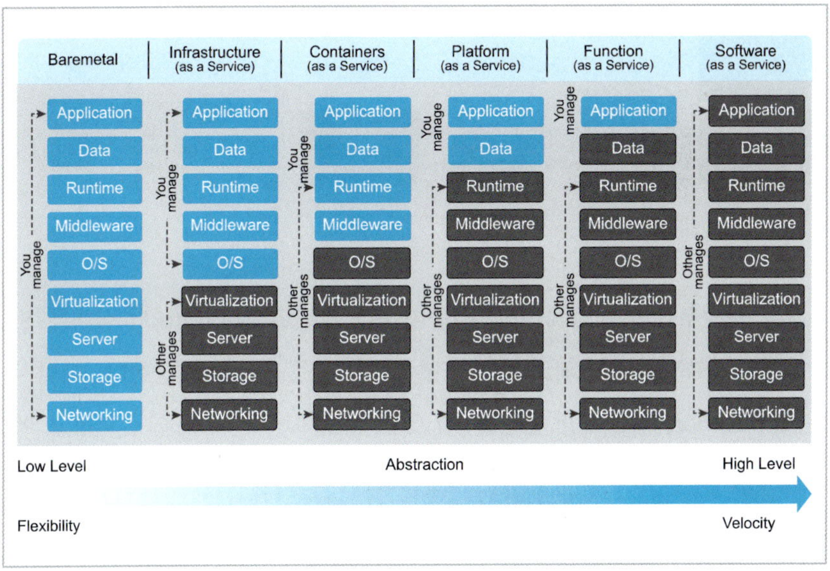

클라우드 서비스 모델

HUB PoP의 데이터분석 서비스는 기술분야간 데이터의 특성 및 상호 연관성을 분석하여 데이터 분석가가 빠르고 쉽게 분석을 수행할 수 있는 통합 데이터베이스와 분석도구를 지원하고 있다.

이러한 클라우드의 개발에 따라 인공지능과 관련된 Application 실행에 필요한 모든 SW 및 인프라구성을 플랫폼에서 표준화하여 제공한다. 개발자는 Application 제작에만 집중할 수 있어 개발 Lead Time을 감소하고 빠른 Release Time 실현이 가능하게 되었다. 즉, 개발팀은 App만 개발하고 플랫폼이 SW구성, 실행, 관리까지 모든 부분을 담당한다. 이러한 플랫폼은 SW개발 공정 자동화를 통해 투입되는 인력을 최소화할 수 있으며, 공통 기능을 제공하여 App 개발 시 핵심 App 개발에만 집중할 수 있다. 또한 개발된 전력SW의 재활용성과 기간 단축, 비용절감 등 개발 생산성 향상과 데이터의 표준화 및 활용성 증대를 기대할 수 있다. 또한 플랫폼을 기반으

로 개발된 전력 어플리케이션 및 AI 분석 알고리즘의 체계적인 통합관리가 가능하다.

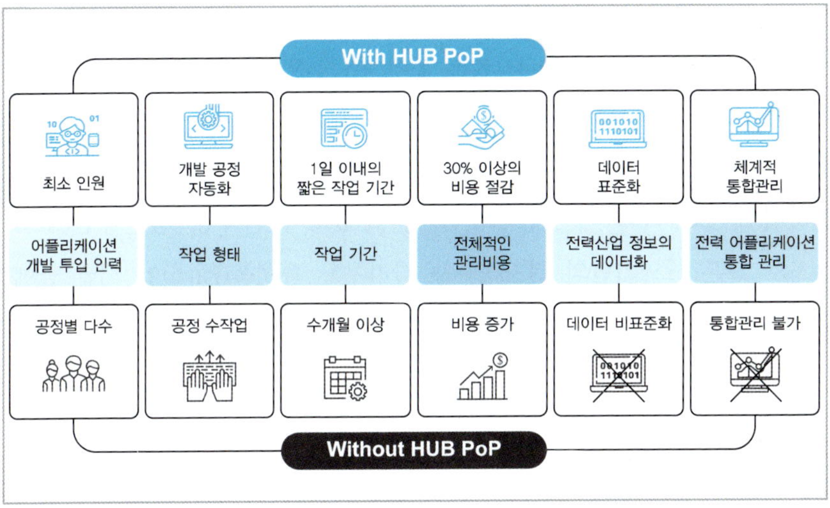

HUB-PoP의 기대효과

참고로 클라우드관련 국내·외 시장을 살펴보자.

클라우드 관련 세계시장은 2016년 1,152억불 시장에서 2022년 2,060억불 시장규모로 연평균 14.83% 성장이 예상된다고 한다.* SaaS가 클라우드 시장을 주도 할 전망이며, '22년에는 전체 클라우드 시장의 60.3% 점유가 예상된다 한다. 국내에서는 현재 IaaS가 시장을 주도하고 있으나, 향후에는 SaaS가 주도할 것이라 전망하고 있다.

PaaS 서비스 플랫폼은 IaaS의 주도권을 확대하고 다양한 SaaS를 이용하여

* 출처: Gartner(2015. 3). 2020, 2021, 2022년도는 전년도 성장률 적용

자사만의 생태계를 확보하기 위해 Amazon, MS 등 글로벌 기업이 경쟁중이다. MS(Azure 1위), Salesforce.com(Salesforce1 2위), Amazon(Elastic Beanstalk 3위) 등 이미 PaaS를 운영 중인 기업은 무상 활용 서비스를 제공하고 있으며, SaaS 유치 등을 적극적으로 추진하고 있다. Pivotal(Cloud Foundry), Redhat(Openshift) 등은 공개 SW를 이용하여 PaaS를 제품화하여 서비스하면서 글로벌 시장에 진입하고 있다. 국내에서는 LG CNS의 스마트 빅데이터 플랫폼, KT의 유클라우드 비즈 "맵리듀스", SKT의 스마트 인사이트, 그루터의 데이터 플랫폼 등이 있으며 한국정보화진흥원(NIA) 주도로 오픈소스 기반의 전자정부용 클라우드 플랫폼(PaaS)이 개발 중에 있다.

IaaS서비스 플랫폼은 Amazon, KT 등 대기업이 IaaS 시장을 주도 중이며, 해외에 비해 국내는 IaaS 활용도가 높다. 국외 IaaS 시장은 Google, Amazon, IBM, Salesforce.com, 오라클 등 대다수의 글로벌 기업이 참여 중이며 Amazon의 AWS[Amazon Web Service]는 퍼블릭 클라우드 부문에서 시장을 주도하고 있지만 MS의 애저[Azure]와 치열한 접전을 벌이고 있다. 국내의 IaaS 시장도 대기업(통신사 및 SI기업)이 시장을 주도하고 있으며 국내 중소기업은 솔루션을 제공하는 정도로 시장에 제한적으로 참여하고 있다.

마지막으로 정리해 보자.

4차 산업혁명은 초연결[Hyperconnectivity], 초지능[Superintelligence]을 특징으로 AI, IoT, 클라우드 컴퓨팅, 빅데이터, 모바일 등 첨단 정보통신기술이 기존 산업과 서비스에 융합되어 현실 세계 전반에 걸쳐 혁신적인 변화가 일어나는 것이라 한다. 이러한 혁신 중 IBM의 '왓슨', 구글의 '알파고', 아마존의 '알렉사', 우버의 '미켈란젤로'는 인공지능 기술의 대표적인 예이다.

인공지능은 외부를 인식하고 추론하며 적응하는 인간의 능력을 컴퓨터로 구현해 내는 것이라 말할 수 있다. 인간의 능력은 대부분 오랜 진화과정과 학습과정을 거치며 최적화됐기 때문에 쉽게 모방할 수 없다. 그러나 빅데이터, 사물인터넷, 고성능 컴퓨터의 엄청난 발전이 이를 가능하게 하고 있다. 앞서 설명하였듯이 인공지능으로 무장한 컴퓨터로 세계 최고의 프로바둑 기사나 체스 챔피언을 이길 수 있고, 인간과 스스럼없이 대화하는 AI 스피커가 생겨나고, 스스로 운전할 수 있는 자동차가 만들어지고 있다. 인공지능이 우리 앞에 아주 빠르게 다가오고 있는 것이다.

이러한 인공지능이 급속도로 발전하게 된 근원은 무엇일까?

바로 빅데이터와 고성능 컴퓨팅 자원의 활용이 가능했기 때문이다. 정보통신의 비약적 발전에 힘입어 대량의 데이터가 쏟아져 나오면서 이를 효과적으로 관리하는 소프트웨어가 필요했으며, 빠른 분석과 예측을 할 수 있는 소프트웨어가 필요했다. 더 나아가 인간의 개입없이 스스로 생각하고 처리하는 수준도 필요했다. 이러한 모든 과정과 일련의 문제들을 잘 이해하고 정형화하고 해결하는 과정에서 혁신적인 새로운 차원의 파괴적 기술혁명이 소프트웨어분야나 하드웨어분야에서 일어난 셈이다. 이는 세상의 Trend를 크게 변화시키고 있다.

전력산업도 다르지 않다. 4차산업혁명과 더불어 거대한 변화가 일어나고 있다. 전력회사는 보통 전통적으로 소유한 설비를 집중 관리하며 전력이라는 상품을 판매하여 수익을 창출한다. 그러나 기존의 단방향공급중심의 시장에서 고객중심 BTM[Behind the Meter], 양방향 수요중심의 시장으로 바뀌고 있어 누군가에게는 새로운 기회이며, 누군가에게는 위기이다. 더군다나 구글, 소프트뱅크, 애플 등 혁신 IT기업들이 플랫폼을 전력산업에 새로이 적용하여 에너지산업에 뛰어들고 있다. 국외뿐만 아니라 국내 기업에서도 이러한 움직임이 보이고 있다. 작지만 말이다. 언제 어디서 폭발적인 소프트웨어로 무장하여 나타날지 모르는 일이다.

또한, 정부에서는 「한국판 뉴딜」에 있어서 디지털 혁신을 추진하는 「디지털 뉴딜」과 친환경·저탄소 전환 가속화를 추진하는 「그린 뉴딜」을 추진하고 있다. 이러한 정책이 인공지능 기술을 바탕으로 성공적인 결과를 얻길 기대해 본다.